救援技术人员专业资格标准解读

步 兵 ◎编译

地 震 出 版 社

图书在版编目（CIP）数据

救援技术人员专业资格标准解读 / 步兵编译 . — 北京：地震出版社，2022.12
ISBN 978-7-5028-5329-7

Ⅰ. ①救… Ⅱ. ①步… Ⅲ. ①救援—职业技能—标准—研究 Ⅳ. ① T-29

中国版本图书馆 CIP 数据核字 (2021) 第 123259 号

地震版 XM4850/T (6125)

救援技术人员专业资格标准解读
步兵 编译
责任编辑：郭贵娟
责任校对：凌 樱

出版发行：地 震 出 版 社
北京市海淀区民族大学南路 9 号　　邮编：100081
发行部：68423031　68467991　　传真：68467991
总编室：68462709　68423029
专业部：68467982
http://seismologicalpress.com
E-mail: dz_press@163.com
经销：全国各地新华书店
印刷：北京广达印刷有限公司

版（印）次：2022 年 12 月第一版　2022 年 12 月第 1 次印刷
开本：710 × 1000　1/16
字数：124 千字
印张：8.75
书号：ISBN 978-7-5028-5329-7
定价：52.00 元

前 言

2019 年 11 月 29 日，中共中央政治局第十九次集体学习时强调，充分发挥我国应急管理体系特色和优势，积极推进我国应急管理体系和能力现代化。会议明确指出要强化应急管理装备技术支撑，提高救援实战能力。目前，我国救援技术相关标准 GB/T 29176—2012《消防应急救援通则》定义了最初消防业务范畴内的救援技术分类，标准制定时还没有成立应急管理部，具体分类包括危化品事故处置技术、机械设备事故处置技术、建构筑物坍塌事故处置技术、水域救援处置技术、野外救援事故处置技术、受限空间救援处置技术和沟渠救援处置技术，共七大类。随着国际应急救援技术近十年新的发展趋势以及 2018 年应急管理部的成立，应急救援技术已经拓展到航空、急流、潜水、山岳等领域，且在同一领域内又细分多个技术分支。例如，水域救援处置技术已经细分成急流、潜水、岸基、冰上等。因此，提升应急救援技术能力，面临两个关键问题：第一，新的应急管理形势和应急救援需求下的应急救援技术分类与能力现代化问题；第二，应急救援技术培训课程、人才建设体系化与能力评价标准问题。

联合国、美国、日本、欧盟等主要国际组织、发达国家和地区都已建立了大规模联合搜救与协调的技术体系和平台。联合国搜救咨询团（INSARAG）制定了城市搜救指南，对重中轻型搜救队伍进行了分级和测评。美国 FEMA 逐步建成了 NIMS、ICS 和 EOC 规范，用于支撑国家、现场和各级应急行动中心的技术系统，并定期更新其技术文档，对突发事件应急救援与协调指挥进行了规范和标准化要求。日本先后发布了《兵库行动计划》和《2015—2030 年仙台减少灾害风险框架》。德国联邦技术救援署（THW）通过模块化的组织架构、程序化的管理模式、规范化的培训体系为德国境内的应急救援工作提供了坚实保障。

在应急管理部成立后，对应急救援体系和能力建设进行了一系列重大调整和部署，公安消防、武警森林火警、安全生产和地震救援力量转制为职业救援力量，加大社会志愿者救援力量的扶持、管理和业务指导，统筹建立综合应急救援力量体系和区域救援中心。我国 2004 年建立了第一支针对建筑物坍塌救援的城市搜索救援队，即中国国际救援队，主要承担国内外地震灾后的现场救援任务。经过 15 年的发展，已经初步建成国家级、省级、市县级的“1+N”建设思路，即以建筑物坍塌救援队架构为核心，添加山岳、水域、地质灾害和航空救援模块为补充的建队思路。

本书在筹备之初，编写组已经对我国现有 76 支省级地震救援队进行了调研，并参与国内省级救援队的能力分级测评。调研中发现应急救援技术领域存在以下突出问题：救援技术的分类不清；救援技术的能力要求不清；没有救援技术能力分级的标准；救援技术的现场使用与适用条件存在误区；救援技术系统没有做量化分析，缺乏理论安全模型；应急救援技术停留在操作层面，没有形成科研技术实践创新的理论问题；应急救援技术在现场应用存在边界条件模糊，存在重大安全隐患；应急救援从业者（消防、武警等）没有相应的水域、冰雪、隧道、沟渠、结构坍塌等专业技术能力的认证与岗位设定，造成现代化国际救援领域中的高级救援结构工程师职业的缺失问题。

1994 年，美国 NFPA 标准理事会在收到关于制定救援技术人员专业资格标准的要求后，批准在专业资格项目下设立一个救援技术人员专业资格技术委员会。该委员会制定了第一版 NFPA1006《技术救援人员专业资格标准》，其中规定了救援技术人员的一般工作绩效要求 (Job Performance Requirements，JPRs) 以及特殊救援行动的具体工作要求。最初只包括六种救援技术：绳索救援（Rope Rescue）；水面救援（Surface Water Rescue）；车辆和机械救援（Vehicle and Machinery Rescue）；受限空间救援（Confined Space Rescue）；结构坍塌救援（Structural Collapse Rescue）；沟渠救援（Trench Rescue）。2003 年，对《技术救援人员专业资格标准》所有章节都进行了调整，新增加了三种救援技术，即地下救援（Subterranean Rescue）、潜水救援（Dive Rescue）和野外救援（Wilderness Rescue）。2008 年版的修改中又新增加了三种救援技术：急流救援（Swiftwater Rescue）、冰上救援（Ice Rescue）和浪涛救援（Surf Rescue）。而地下救援被分解为两种新的救援技术：矿山和隧道救援（Mine and Tunnel Rescue）；洞穴救援（Cave Rescue）。车辆救援和机械救援被分解为车辆救援（Vehicle Rescue）和机械救援（Machinery Rescue）。2013 年版的《救援技术人员专业资格标准》将新能源汽车和新出现的新技术等视为对技术救援人员造成危险的主要挑战，于是做出以下调整：①隔离和管理潜在的有害能源，以便识别所有危害并减少对救援人员的危害。②识别能源类型：分析来源、隔离系统方法、识别专有特征，确保适当的工具和设备的可用性，并确保行动目标实现。

本书通过大量查阅国际相关的标准和规范，结合目前国内行业特点，依据 2017 年版的《救援技术人员专业资格标准》展开解读，编写期间得到了上海隽融文化科技有限公司的大力支持，文中的管理组织结构、技术名称等均按照国内情况进行适当调整，以便理解与应用。尽量为救援技术人员的技术分类、能力分级和能力评价提供些许帮助。由于水平有限，书中难免有疏漏与不足之处，在此敬请批评指正。

编者

2022 年 12 月

目录

第一章

绪论

1.1 救援技术的分类

本书将救援技术的分类共分为18类（名称可能略有不同），具体包括：塔台救援（Tower Rescue）、绳索救援（Rope Rescue）、结构坍塌救援（Structural Collapse Rescue）、受限空间救援（Confined Space Rescue）、车辆救援（Vehicle Rescue）、动物救援（Animal Rescue）、野外搜救（Wildness Search and Rescue）、沟渠救援（Trench Rescue）、机械救援（Machinery Rescue）、洞穴救援（Cave Rescue）、矿山和隧道救援（Mine and Tunnel Rescue）、直升机救援（Helicopter Rescue）、水面救援（Surface Water Rescue）、急流救援（Swift Water Rescue）、潜水救援（Dive Rescue）、冰上救援（Ice Rescue）、冲浪救援（Surf Rescue）和洪涝救援（Floodwater Rescue）。

1.2 救援技术的分级

本书的救援技术分为三级，即认知级、操作级和技师级，具体定义如下。

（1）认知级（Awareness Level）：从事搜索和救援任务的人员的技术能力最低水平，部分人员能够开展现场风险识别、了解救援装备性能和实操应用环境。

（2）操作级（Operation Level）：救援人员能够有限度地应对搜索和救援任务，有效地开展现场风险识别、有限度地使用救援装备和实操技术。

（3）技师级（Technician Level）：救援人员能够完全应对搜索和救援

任务，全面有效地开展现场风险识别、熟练操作各种救援装备、掌握实操技术的适用环境，具备环境、装备与技术三者的现场应变能力。

1.3　救援技术常见名词解释

（1）磨损（Abrasion）：摩擦运动对绳索及其他设备造成的破坏作用。

（2）进入通道（Access）：进入者身体的任何部分进入受限空间，且包括在受限空间中的后续工作活动。

（3）锚点（Anchor Point）：能够承受绳索救援系统上的实际与潜在荷载的锚固系统。

（4）高位锚点（High-Point Anchor）：位于障碍物或救援系统上方的锚点。

（5）锚固系统（Anchor System）：由一个或多个锚点以特定的方式连接，为绳索救援系统及各辅助组件提供结构固定与连接。

（6）多点锚固系统（Multiple-Point Anchor System）：绳索救援系统中一个锚点以上的荷载分配系统。

（7）单点锚固系统（Single-Point Anchor System）：利用一个锚点为绳索救援系统提供主要支持的锚固系统。

（8）上升系统（Ascending）：一种使用一个或多个上升装置沿固定线路安全上移的方法。

（9）辅助上升器（Ascending Device）：辅助设备系统组件，用于沿固定线路上升的一种摩擦装置或机械装置。

（10）大气监测（Atmospheric Monitoring）：评估环境空气的方法，包括但不限于氧含量、可燃性和毒性。

（11）基础急救箱（Basic First Aid Kit）：用于感染暴露、呼吸道打开、脊柱固定、骨折固定、休克和出血控制的设备。

（12）固定保护（Belay）：一种控制潜在跌落的方法，通过这种方法可将对设备和人员的损伤降到最低。

（13）保护系统（Belay System）：一种利用低伸缩性的静力绳并手动操作的保护系统，能有效承受救援系统中的所有荷载。

（14）保护系统操作员（Belayer）：操作保护系统的救援人员。

（15）带（Belt）：救援系统的组件，系在人员腰部起到固定和保护作用，有时作为逃生带使用。

（16）阶梯或阶梯系统（Benching or Benching System）：一种沟渠救援中保护救援人员或者受困者免受塌方威胁的一种方法，通过挖掘沟渠时在底面和侧面形成一个或一系列水平层与台阶，底面与侧面形成垂直或接近垂直的角度。

（17）效益系统（Beneficial System）：一种辅助动力设备，如电动、气动、液压、悬架系统设备可以增强或促进救援。

（18）绳环（Bight）：用一根绳索或一根织带绕自己对折起来而形成的开口环。

（19）可靠保护点（Bombproof）：救援专业术语，指能够承受施加在绳索救援系统上的实际或潜在的作用力，并且不发生故障的可靠单锚点。

（20）破口（Breach）：在建筑物的墙壁、地板或天花板上的开口，用于人员与设备的进出。

（21）破拆技术（Breaching Techniques）：利用破拆及剪切工具在砌体、混凝土和木材结构中建立安全开口的方法。

（22）浮力补偿装置（Buoyancy Compensator Device 简称 BCD）：潜

水者佩戴的一种含有可充气囊袋的装置，潜水者通过充气或放气来控制自身的浮力。

（23）洞穴（Cave）：由地质作用形成的自然地下空间。

（24）塌陷（Cave-In）：挖土或挖沟时大量的土壤、岩石从一面分离下来，或者采空区、渗水区和地下水下降造成沉降和塌陷，导致人员受伤与被困。

（25）坍塌支援作业（Collapse Support Operations）：在坍塌现场进行的搜索、救援、安抚、管理和保障。

（26）坍塌类型（Collapse Type）：常规坍塌类型共 5 种，包括“单斜面”坍塌（Lean-to Collapse）、“V”形坍塌（“V” Shape Collapse）、叠饼坍塌（Pancake Collapse）、悬臂坍塌（Cantilever Collapse）和“A”形框架坍塌（A-frame Collapse）。

（27）通信小组（Communications Team）：由指挥者、操作人员和通信设备建立起来的资源组合。

（28）安全观察员（Competent Person）：能够识别工作环境与条件中的风险与危害，并有权立即采取有效措施进行干预的人员。

（29）受限空间（Confined Space）：一个进入、退出和开展工作时方式、方法受到限制的区域。

（30）接近受限空间（Confined Space Approach）：接近受限空间入口的方法。

（31）进入受限空间（Confined Space Entry）：进入者身体的任何部分进入受限空间，并在受限空间中连续工作。

（32）受限空间入口（Confined Space Entry Opening）：用于进入受限空间的入口或开口。

（33）受限空间救援准备（Confined Space Rescue Preparation）：由救援人员填写的与特定空间有关的信息性文件，该文件应包括但不限于有关减少危险要求的信息、进入该空间的通道、入口开口的大小和类型、该空间的内部配置以及在该空间内抢救受伤人员的建议行动计划。

（34）受限空间救援队（Confined Space Rescue Team）：具备受限空间突发事故处理能力的队伍。

（35）受限空间类型（Confined Space Type）：指空间的大小、结构、入口的可接近性和空间内部的牵连结构关系。

（36）建筑类型（Construction Type）：主要指木结构、钢结构、无钢筋砌体（URM）、立墙平浇结构、预制、高层和现制结构等。

（37）叠木（Cribbing）：通常截面为 4 英寸① ×4 英寸（约 10 厘米 ×10 厘米）或 6 英寸 ×6 英寸（约 15 厘米 ×15 厘米），长度为 60~80 厘米的木材，用在救援中起到支护稳定作用。

（38）紧急事故压力汇报（Critical Incident Stress Debriefing ，CISD）：一种事故后的会议，目的是协助救援人员处理由于紧急情况而造成的心理创伤。

（39）评判（Critique）：事故后分析救援工作的有效性。

（40）交叉支撑（Cross Bracing）：木材（一般截面为 2 英寸 ×4 英寸、2 英寸 ×6 英寸），用于水平或对角支撑框架(一般截面为 4 英寸 ×4 英寸、4 英寸 ×6 英寸、6 英寸 ×6 英寸或更大），通过对角交叉穿过需要支撑的框架。

（41）挤压综合征（Crush Syndrome）：因外力（如车辆、倒塌建筑

① 1 英寸≈2.54 厘米。

物的部分、岩石或狭窄洞中的挤压）施加长时间压力而导致肌肉坏死的情况。

（42）削切表（Cut Sheet）：详细说明某一特定木材的尺寸、角度和其他相关信息的文件表。

（43）削切工作区（Cut Station）：用于木材和各种手工、电动工具的切割操作的功能区，一般设在现场救援或训练演练的木材操作区域。

（44）线型下降（Descending a Line）：一种使用下降控制装置沿固定线路向下移动的方法。

（45）缓降器（Descent Control Device）：绳索救援系统中控制下降摩擦力和速度的机械装置。

（46）排水设备（Dewatering Equipment）：排水时由电动或燃油驱动的泵、软管和辅助设备。

（47）潜水监督员（Dive Supervisor）:受过专业训练的高级潜水队成员，具备管理和指导潜水作业权威专业知识的人。

（48）潜水队（Dive Team）：由领队、潜水员和训练有素的支援人员组成，接受过专业训练、拥有专业装备，能够在水下使用相同技术方法和准则开展团队行动。

（49）潜水协助员（Dive Tender）：负责协助潜水员装配和穿戴设备，与潜水员沟通，跟踪转移状态和位置，管理水下搜索作业，并且接受训练，以满足操作级潜水救援的所有工作要求。

（50）潜水员（Diver）：暴露在高压环境中使用压缩气体或呼吸气体供给系统的个人。

（51）潜水安全员（Safety Diver）：具备立即潜入水中并向遇险的潜水员提供帮助或搜寻失踪潜水员的装备和位置的潜水员。

（52）潜水概述（Dive Profile）：潜水员潜在或实际暴露在高压环境中的各项指标，包括潜水深度、持续暴露在高压环境中的时间和暴露时间间隔，以便记录和传达潜水员的氮负荷。

（53）潜水表格（Dive Tables）：根据潜水深度、持续暴露在高压环境中的时间和暴露时间间隔来计算潜水员氮负荷的工具。

（54）双阻塞和排气（Double Block and Bleed）：在管路中关闭两个阀门，并在两个阀门之间打开排泄阀或排气阀的操作。

（55）下游安全（Downstream Safety）：一名训练有素的急流救援人员，位于入口点的下游，随时准备向无法从危害环境中自救的受困人员或救援人员部署救援设备或执行快速救援策略。

（56）动态荷载（Dynamic Loads）：在极短的时间内，发生急剧变化的外在载荷，如运动突然停止所产生的力。

（57）边角保护（Edge Protection）：避免绳索受到由尖锐物体或边缘磨蚀所带来的潜在风险的方法。

（58）紧急状态（Emergency）：对生命安全造成直接威胁或对财产造成损失的状态。

（59）紧急医疗服务（Emergency Medical Services）：在到达医院或其他医疗机构前对患者进行的治疗，包括急救护理、心肺复苏术、基础生命支持、高级生命支持等。

（60）开挖（Excavation）：由于挖土而形成的人为切口、洞、沟或凹陷的过程。

（61）灭火设备（Extinguishing Devices）：利用火灾三要素原理设计的灭火设备，包括但不限于二氧化碳灭火器、干粉灭火器、泡沫灭火器等。

（62）地表（Face）：由于开挖而形成的垂直或倾斜的地表面。

（63）失效（Failure）：由于构件或连接件的断裂、位移或永久变形，降低其结构完整性和支撑能力。

（64）消防控制措施（Fire Control Measures）：在事故现场通过控制火源的方法（如软管布置和灭火药剂等）抑制火灾隐患。

（65）固定绳索系统（Fixed Line System）：一种绳索救援系统，由一根固定在锚固系统的不动的绳索组成。

（66）事故区域（General Area）：事故现场周围的区域，其大小与事故的大小和性质成正比，区域内的人员、重型机械和车辆的进入受到严格控制。

（67）硬件装备（Hardware）：金属机械辅助设备，包括但不限于多孔分力板、安全钩、金属岩钉和机械升降控制装置等。

（68）快速搜索（Hasty Search）：一种搜索资源的初始化部署，包括对可能包含幸存者的区域进行的快速搜索。

（69）减灾（Hazard Mitigation）：在事故前期、事故中期或事故后期，为消除或降低生命与财产损失程度而采取的活动。

（70）危害环境（Hazardous Atmospheres）：任何可能使人员面临死亡、丧失行为能力、受伤、感染急性疾病和自救能力受损的环境。

（71）危险物质（Hazardous Material）：在运输中对健康、安全和财产构成风险的物质或材料。

（72）重型建筑类型（Heavy Construction Type）：采用砌体、钢筋混凝土的各种组合形式进行施工的建筑，包括但不限于仰拱、填充钢框架、混凝土抗力矩框架、混凝土剪力墙、混凝土框架内填充无钢筋砌体、楼板和承重墙体等。

（73）重型物体（Heavy Object）：需使用动力工具（如液压起重设备）

或机械增益系统才能被移动的物件。

（74）重型车辆（Heavy Vehicle）：重型公路车辆、越野车、建筑或公共交通车辆等，其材料、尺寸、结构、重量和搭载货物都对救援人员在设备资源、操作规范和救援策略上造成更多的威胁。

（75）高角度（High Angle）：指荷载主要由绳索救援系统承担的救援环境。

（76）高架索道系统（Highline System）：利用悬挂在两点之间的绳索或缆索，在阻碍救援行动的区域内移动人员或设备的一种系统，包括能够在高度相等或不等的两点之间移动的系统。

（77）活结（Hitch）：一种系在物体上或包裹着物体的结，当物体被移开时，这个结就会散开。

（78）事故指挥系统（Incident Command System，ICS）：一种标准化的现场应急管理结构，专门为现场反映单个或多个事故的复杂性需求而设计的综合组织结构。不受管辖边界的阻碍，是在共同的组织结构内所操控的设施、设备、人员、规程和通信的有效组合，旨在事故期间协助高效地管理资源。

（79）斜面（Inclined Plane）：一种沿水平方向倾斜的平面，与水平面形成除直角外的任何角度，通过分配沿斜面（不是垂直向上和向下）举起重物所需的功来制造机械增益优势。

（80）隔离（Isolation）：通过切断与周围接触的形式，减少危险传播变得安全的过程。

（81）隔离系统（Isolation System）：一种采用特定技术的隔离装置排列方式，目的是将沟渠内事故受困人员与周围环境物（如土壤、砾石、沙子）隔离开来。

（82）工作绩效要求（Job Performance Requirement，JPR）。描述特定工作任务的书面陈述，列出完成任务所需的事项，并为特定任务定义可量化的结果和评估范围。

（83）结（Knot）：用规定的方法把一段绳索或带子绑在一起，形成一种紧固物。

（84）大型机械（Large Machinery）：由重型金属建成的复杂机器（或机械系统），不能简单地拆卸，呈现多种危险（如控制能源、有害材料、高程变化、多种救援技术交叉等），需要指定专家在设计、使用和维护上提供专业技术支持。

（85）激光靶（Laser Target）：一种方形或矩形塑料装置，与激光仪器配合使用，用来设置管道和线条的等级。

（86）杠杆（Levers）：将荷载、支点与力三者关联的工具，用来制造机械增益和移动荷载。

（87）生命安全吊带（Life Safety Harness）：一种固定在身体周围起到安全防坠落作用的救援装备。

（88）起重工具（Lifting Tools）：能举起重物的液压、气动、机械或手动工具。

（89）轻型框架结构（Light Frame Construction）：由木材或其他轻质材料制成的框架结构。

（90）沟边缘（Trench Lip）：距沟渠面顶部边缘水平 0.61 米 × 垂直 0.61 米的区域。

（91）沟边塌陷（Lip Collapse）：通常是由超载或挖掘等引起，使土壤固有黏性遭到冲击破坏后而发生的塌陷现象。

（92）担架（Litter）：在移动过程中用来支持和保护受害人员的转移

装置。

（93）担架护理员（Litter Tender）：负责管理担架，并且陪伴伤员转运的人。

（94）荷载（Load）：由绳索救援系统提升、放下或平移等方式支撑的重量。救援系统中最低重量要求为 45.5 千克（100 磅）。

（95）荷载稳定（Load Stabilization）：防止荷载向任何方向移动的过程。

（96）荷载试验（Load Test）：一种预先加载重量到绳索救援系统的测试方法，以确保所有组件在正确设置情况下达到承受预期荷载的目的。

（97）定位设备（Locating Devices）：用于在救援事故和结构部件中定位受困人员的设备，包括但不限于音频（声波）、震动、视频（可见光、红外、雷达）、K-9（搜救犬）和光纤。

（98）低角度（Low Angle）：指荷载主要由自身支撑而非绳索救援系统支撑的环境。

（99）下降系统（Lowering System）：一种绳索救援系统，用于人为控制下从高处下降的过程。

（100）维修工具包（Maintenance Kits）：维护和检验所需的工具，包括但不限于产品说明书、维护核查表、日志记录、库存设备列表、适用范围（液体、部件和硬件）和所需的测试仪器。

（101）标记系统（Marking Systems）：用于标记危害、受困人员位置和相关结构信息的各种符号标识系统。

（102）机械增益（Mechanical Advantage，M/A）。通过机械手段产生的力，包括但不限于杠杆、传动装置、绳索和滑轮系统，通常产生输出力大于输入力，并用输出力与输入力的比值表示。

（103）复合绳索机械增益系统（Compound Rope Mechanical Advantage

System）：将一种绳索机械增益系统的荷载端叠加到另一种绳索的牵引绳上所产生的绳索机械增益系统的组合。

（104）简易绳索机械增益系统（Simple Rope Mechanical Advantage System）：由一根绳索和一个或多个动滑轮或定滑轮（或者类似的设备）组成，直接或间接连接到荷载的一种机械增益系统。

（105）最低基础储备压力（Minimum Primary Reserve Pressure）：当水肺潜水员到达水面并建立正浮力时，其主要输送系统中剩余的最小允许呼吸气体压力。

（106）包扎固定（Packaging）：在转移中保护受伤人员的过程，包括对已存在的和潜在的伤害或疾病的保护过程，以防止在移动过程中造成进一步伤害。

（107）个人浮力装备（Personal Flotation Device，PFD）：一种根据美国海岸警卫队规范制造的专业水域救援浮力背心，为水中人员提供更高标准的辅助浮力。

（108）个人防护装备（Personal Protective Equipment，PPE）：在救援事故中提供个人保护的设备。

（109）气动结构（Pneumatic Struts）：汽车或机械系统中的气动、充气管和活塞的总称。

（110）医学预评估（Pre-entry Medical Exam）：在成为救援人员之前进行的医学评估。

（111）应急预案（Pre-incident Plan）:通过收集详细数据而编制的文件，用于有效管理紧急情况，保护居住者、应急人员、财产和环境。

（112）保护系统（Protective System）：一种有效防止物体从开挖面跌落或滚入救援工作面和防止相邻结构坍塌的方法。

（113）公共安全潜水（Public Safety Diving）：由社区或政府认可的专业人员、团体或机构组织的，团队水下潜水作业。

（114）资格（Qualification）：圆满完成职责目标要求。

（115）快速干预组（Rapid Intervention Crew/Company，RIC）：现场至少有两名全副武装的救援人员，并且处于准备状态，以便立即营救现场迷失方向、受伤或被困的救援人员。

（116）达到 / 扩展设备（Reach/Extension Device）：任何可以延伸到水中被救人员身上的水上救援装备，使得水中的被救人员能够抓住该设备并被拉到安全的地方，而不需要与救援人员发生直接身体接触。

（117）恢复（Recovery）：救援人员采取的非紧急行动，以找回受害人员的财产或遗体。

（118）冗余空气系统（Redundant Air System）：一种由压缩呼吸气源、压力表、主调节器和副调节器组成的系统，以及一种将该系统安装到潜水器上的装置，以使其不会掉落或移动；完全独立于导流器一次空气系统，并配置为在潜水员受到胁迫时可以立即进入；具有足够的能力，使潜水员能够从公认的最大作业深度上升到水面，同时符合规定的上升速度和必要的安全制动。

（119）必备设备（Requisite Equipment）：对实施特定类型的救援技术至关重要的特定工具和设备。

（120）救援（Rescue）：在紧急事故中能够确定受困人员位置、使受困人员脱离危险、能简单治疗伤者，并把伤者运送到适当医疗场所的活动。

（121）救援区域（Rescue Area）：有时也被称为“热”“危害”或“塌陷”区域，一个事故周围的危害区域，其范围与危害大小成正比。

（122）救援侍从（Rescue Attendant）：在救援事故中位于受限空间入口外面的救援队员，他负责监视该空间内的情况并随时在该空间待命，监视救援进入者，并执行规定的救援任务。

（123）救援进入者（Rescue Entrant）：一名被指定进入受限空间进行救援的队员。

（124）事故营救（Rescue Incident）：主要指对人身体造成危险的救援，可以包括提供紧急医疗服务。

（125）救援队（Rescue Team）：一群受过救援训练的人员，他们装备齐全，能够对救援行动做出有效应对。

（126）外部装备（Retrieval Equipment）：不进入受限空间内部，从外部营救人员的救援设备的组合。

（127）索具（Rigging）：搭建系统用于移动或稳定荷载的过程。

（128）索具系统（Rigging Systems）：用于移动人员或荷载的系统，可以配置绳索、钢丝绳或电缆，并使用不同的机械和手动方式来移动荷载。

（129）索具操纵团队（Rigging Team）：洞穴救援中的一种资源组合，包括队长、队员和通用的专业装备，通过搭建绳索系统来实现跨越障碍物，以帮助受困者和救援人员进出洞穴。

（130）风险 / 收益分析（Risk/Benefit Analysis）：响应方基于风险识别和情况评估做出决策，权衡可能采取的风险与采取这些风险所获得的收益。

（131）大型动物（Large Animal）：牲畜，包括但不限于马、牛、骡子、驴、山羊、大羊驼、羊驼、猪和外来动物，如动物园动物、野生动物，但不包括家庭宠物。

（132）生命安全绳（Life Safety Rope）：在救援、消防等其他紧急行动或训练过程中，专门用于营救人员的绳索，需具有官方标准认证。

（133）锁定（Lock-out）：一种防止设备启动并危及人员安全的方法。

（134）水上救援绳（Water Rescue Rope）：能漂浮的绳索，具有足够的强度以满足预期的使用，不会因饱和或浸入水中而减弱到不适合执行任务的程度，并且直径足够大，可以被不戴手套的湿手抓住。

（135）绳索救援设备（Rope Rescue Equipment）：用于搭建绳索救援系统的组件，包括救援绳、生命安全吊带和辅助设备。

（136）绳索救援系统（Rope Rescue System）：一种由绳索救援设备和适当的锚固系统组成的系统。

（137）安全数据表（Safety Data Sheets，SDS）：与安全相关的系列数据表。

（138）现场安全（Scene Security）：在紧急情况发生期间或之后，用于阻止或限制进入救援事故现场的手段。

（139）二次塌陷（Secondary Collapse）：倒塌建筑物或沟渠挖掘中发生的再次倒塌。

（140）自救（Self-rescue）：自行逃离危害区域的行动。

（141）辅助支护（Supplemental Sheeting and Shoring）：使用护板、护板系统或隔离装置的支护作业，或涉及大于 0.61 米（2 英尺）的支撑作业需求时，对护板和支撑部件进行切割和放置的操作。

（142）传统支护（Traditional Sheeting and Shoring）：使用 1.22 米 × 2.44 米（4 英尺 ×8 英尺）的薄板，带有牢固的背部附件，并辅以各种常规支撑选项，如液压、螺钉或气动支撑。

（143）护板（Sheeting or Sheathing）：支撑系统的一个组成部分，有

很大的表面积，由支撑系统的立柱和交叉支撑组成，当遇到松散或流动的土壤时，支撑系统用来保持土壤的位置。

（144）屏障或屏障系统（Shield or Shield System）：一种工程结构，能够承受塌方对其施加的压力，从而保护结构内的人员。

（145）岸基救援（Shore-Based Rescue）：不需要任何救援队员离开安全海岸就可将人从水中救出的技术规程。

（146）支撑系统（Shoring System）：支撑不稳定表面的系统。

（147）支撑队伍（Shoring Team）：在受限空间、沟渠或建筑内负责建造、移动、放置和管理支撑系统的一组人员，具备良好的沟通和领导能力。

（148）信号设备（Signaling Device）：一种能提供特殊的、可预测的视觉、声音或触觉的设备。

（149）现场评估（Size-up）：用于制定战略和战术目标的持续观察和评估。

（150）倾斜系统（Sloping System）：一种采用倾斜开挖的形式，以防止塌方的保护系统。

（151）脱落（Slough-in）：一种坍塌类型，其特征是沟壁的内部剥落，并可能留下一个需要填补或突出的岩架或空隙。

（152）小型机器（Small Machine）：能够简单拆卸的机械设备，由轻质材料制成，具有简单的危害性，并能由救援人员控制。

（153）软件装备（Software）：绳索救援设备的一种柔性织物组件，包括但不限于扁带、绳索和吊索等。

（154）支护桩（Soldier Shoring or Skip Shoring）：一种支撑系统，采用在内部间隔的一系列立柱。

（155）废石堆（Spoil Pile）：挖掘或挖沟时旁边挖出的土堆。

（156）稳定点（Stabilization Points）：防止车辆或物体在救援行动中移动的关键点。

（157）静态荷载（Static Loads）：对结构或构件不产生动力效应，或其产生的动力效应与静态效应相比可以略去不计的荷载。

（158）横梁（Stemple）：一种人造或天然的梁或杆，楔入时可作为可移动的锚点。

（159）结构荷载计算（Structural Load Calculations）：根据每立方米建筑材料（如混凝土、钢材和木材）的重量来计算荷载。

（160）支柱（Strut）：用于支撑结构、挖掘开口或其他荷载的一种受压部件。

（161）支持系统(Support System):一种利用基座、支柱来为相邻结构、地下设施或者挖掘侧面提供支撑的结构。

（162）超载负荷（Surcharge Load）：在沟渠附近使不稳定性或二次塌陷可能性增加的任何重量。

（163）表面（Surface）：有利于支撑和稳定车辆或物体的安全底座。

（164）表面阻碍（Surface Encumbrance）：一种紧邻挖掘沟渠的天然或人造结构物。

（165）水面救援（Surface Water Rescue）：营救漂浮在水面上的受困人员。

（166）急流（Swift Water）：水平移动速度超过 0.5 米 / 秒的水。

（167）系统安全检查（System Safety Check）：一种评估救援系统装配安全的方法。

（168）列表数据（Tabulated Data）：专业工程师用于在特定位置设计

保护系统的数据。

（169）救援技术人员（Technical Rescuer）：经过专业培训或指导，能够现场实施并指导其他救援人员的救援队员。

（170）技术搜救（Technical Search and Rescue）：运用专业的知识、技能和设备来解决复杂搜救任务。

（171）技术搜救事故（Technical Search and Rescue Incident）：复杂的搜索和救援事故，需要受过专业训练的人员和特殊设备来完成任务。

（172）抛绳包（Throw Bag）：一种水面救援装备，包括 15~25 米长的水域救援绳、适当大小的袋子和一个封闭的泡沫浮漂。

（173）潮汐表（Tide Tables）：一年中每天在可预测的时间内，潮汐水面高于或低于平均水位的涨落预测表。

（174）坡脚（Toe）：沟渠墙壁与沟渠底面相接的点。

（175）交通管制（Traffic Control）：指挥或管理车辆交通，使现场安全得以维持，救援行动得以顺利进行。

（176）交通管制装备（Traffic Control Devices）：用于救援现场实现交通管制的辅助设备，如照明弹、路障、交通锥标或路障胶带。

（177）转运装备（Transfer Device）：包括担架和安全带在内的各种装置，与绳索救援系统一起使用，以实现从特定的救援环境中安全转移目标。

（178）沟渠 / 沟渠开挖（Trench/Trench Excavation）：在地表以下挖出的宽度较窄的坑。

（179）相交沟渠（Intersecting Trench）：多条沟渠分叉和分支交汇至同一点汇合的沟渠。

（180）不相交沟渠（Nonintersecting Trench）：在没有交叉或汇聚的沟

渠分叉和分支的直线或近直线上挖开的沟渠。

（181）沟渠面（Trench Floor）：沟渠的底面。

（182）沟渠立柱（Trench Upright）：一种跨越沟渠坡脚和沟渠边缘之间距离的垂直支撑构件，以在较大区域内收集和分配来自对面墙的力。

（183）检伤分类（Triage）：在紧急情况下根据伤情的性质和严重程度对伤员进行分类。

（184）上游观察员（Upstream Spotter）：携带警报设备的人员，其任务是预先通知即将发生的危险或可能影响下游搜索和救援行动的情况和变化。

（185）受困人员管理（Victim Management）：对需要救援的人员的治疗方式。

（186）受害人员转移系统（Victim Removal System）：把受困人员转移到安全地方的系统。

（187）横撑（Wales）：也称为横撑板或桁条，指平行于开挖面放置的支撑系统的水平构件，其侧面与承受支撑系统或土壤的垂直构件接触。

（188）水上受困人员（Water Bound Victim）：被水中物体束缚需要援助的受困人员。

（189）船舶（Watercraft）：由人驾驶的船舶，通过平桨、划桨、喷水器、螺旋桨、牵引链或气垫在水面上推进，用于运送人员和设备。

（190）水性技能（Watermanship Skills）：包括游泳、浅水潜水、踩水和保持漂浮状态的能力，其能力水平应与所需任务匹配。

（191）楔形和垫片（Wedges and Shims）：用于拧紧或调整叠木和支撑系统的材料。

第二章

塔台救援

2.1 认知级

1. 识别现场救援技术实现所需的资源与条件；启动应急响应系统；在救援资源到来之前能够保护现场安全；将具有认知级能力的人员编入救援行动计划中。

2. 根据事件类型、安全风险、时间信息、事件地点和个人防护装备（PPE），建立现场安全区域；在现场正确使用标识系统（Marking System），并使其可以被其他人员识别与理解；运用事件指挥系统（Incident Command System）与团队保持沟通，并且掌握救援现场人员出入登记系统。

3. 识别一件操作级或技师级的事故；根据事件、任务、行动计划和工具资源，向指挥部报告事故进展；对于环境问题、人员康复和支持计划，能指定具体的应对方案。

4. 评估事故大小的能力。根据事故的背景信息和参考资料，能够定义操作模式、资源可用性、响应时间、适用的救援技术类型，能够确定受困人员的数量、确定受困人员的位置、识别并采访目击者、评估现场救援技术实现所需的资源与条件、识别搜索标识系统信息，并掌握制定行动计划所需的信息。

5. 使用空中载具（如云梯车）或其他类似设备进行塔顶救援，而不用个人攀登塔台；将救援目标安全转移到空中载具或设备；针对救援目标、救援人员分别设立各自的防坠落保护。

2.2　操作级

1. 根据塔台救援预案进行救援前的检查，包括塔台环境、塔台救援工具和塔台救援队伍；在塔台上指定高度处设立可使用的救援工具；在救援行动中使用指定的技术，需确保执行救援计划的所有技术环节。

2. 有效隔离并管理暴露出的潜在有害风险源，包括电力系统、机械、无线电频率（RF）和电气危害；需要做现场标识和个人防护，以便所有危害都能被有效识别；评估增益系统的使用，使其对救援人员和受困人员的危害达到最小化。

3. 评估塔架结构和相关部件的完整性；制定攀登前的检查清单，检查攀登路径确保畅通无阻；使用带有安全保护系统的绳拴接近受困者。

4. 针对具体的塔架结构，使用防坠落系统和定位系统，将受困人员转移到救援系统中。

5. 发生事故后，能够正确使用适当的个人防护装备和安全攀爬技术与设备接近受困人员。

6. 确保梯子与攀登安全系统之间的连接设备与技术方案时刻保持安全，并遵循救援计划实现人员转移。

7. 根据现场事故环境和预先救援计划，实现最小化或消除坠落风险，进入塔中环境并靠近救援目标。

8. 指挥小组成员将悬挂在绳索、织带或综合安全系统上的受困者从塔架环境中移除，容许沿垂直方向有 15° 的偏差，将受困者转移到地面或其他安全区域，最大限度地减少受害者和救援人员的风险。

9. 受到恶劣天气或其他因素影响，但是对救援人员无致命危害时，能现场风险评估、坚持制定并执行计划方案。

10. 根据给定事件、任务、行动计划和工具资源，能够终止行动；在终止行动期间能保护救援人员和旁观者的环境安全；通知责任方在行动期间所造成的损害；现场填报评估记录表格与文件；将现场指挥控制权移交给责任方；向责任方通报潜在或现有的危险；准备情况汇报和经验总结。

2.3 技师级

1. 指挥塔台救援队伍，设计塔台救援场景、制定救援行动计划，熟悉塔台救援装备与环境资源，并能使资源得到最佳配置，支持行动计划达到目标。

2. 设计塔台救援技师级的行动计划，包括：救助一名受困者；搭建一个陌生的（不能有预先计划）塔台救援场景；攀登路径上不能有梯子与挂钩；现场对危险源要有识别、隔离与管理的过程；全程确保防坠落保护；评估并充分利用锚点，实现解救受困者的目标。

3. 攀登塔台执行技师级救援行动，即：根据现场安全和行动计划，使用检查清单，启用防坠保护系统，利用水平救援绳索系统；救援人员在确保安全的情况下在塔台与救援体系间转换。

4. 高空转移至地面的塔台救援行动：从高处解救一名被保护好的受困人员，根据行动计划、攀登计划、个人防护装备、塔台救援装备与环境资源，受困人员可以从现有的保护系统中被释放并转移到救援人员创建的防坠系统中，受困人员在水平方向和垂直方向上移动的距离代表队伍救援能力的高低。

5. 极限高空转移至地面的塔台救援行动，根据行动计划、攀登计划、个人防护装备、塔台救援装备与环境资源，将被困人员（或假人）从队伍能力极限高度或允许地面救援的最大高度释放出来，受困人员从自身原有的保护系统中被释放 / 转移到救援人员创建的防坠系统中，受困人员在水平方向和垂直方向上移动的距离代表队伍救援极限救援高度的能力。

第三章

绳索救援

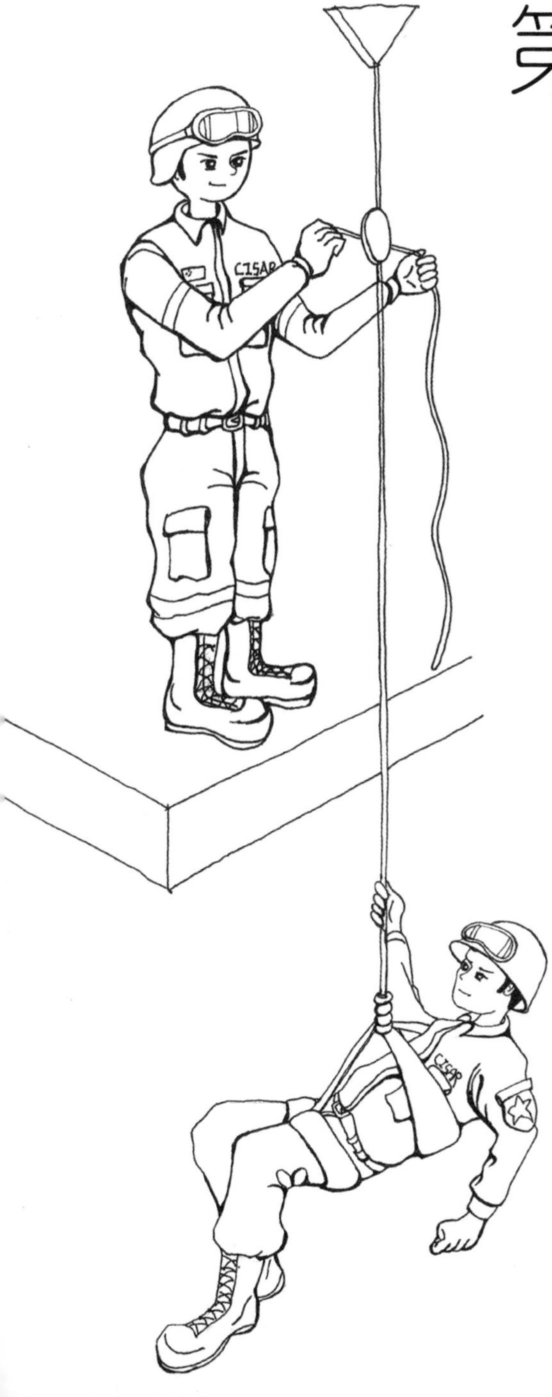

3.1 认知级

1. 识别现场救援技术实现所需的资源与条件；为任务现场提供动力照明和秩序管理；协助完成伤员的现场安抚；现场救援行动辅助支援。

2. 识别事故造成的危害；评估现场管控风险、个人防护装备（PPE）、必需的救援装备和可利用的专业资源；根据危害识别情况、资源是否符合操作要求、风险隔离程序、救援风险最小化和救援时间限制，启动管控程序。

3. 识别救援所需资源；整理事件信息、沟通方式、资源清单与工作计划表；参考适用的标准操作程序；建立指挥机构、记录事件行动、协调救援工作和监督分配任务。

4. 根据个人防护装备、搜索装备、事件地点和受困人员信息，开展有限的搜索行动；识别并制作搜索标识、建立受困人员档案；管理所有参与搜寻人员进出的现场登记体系；资料更新与上传指挥部；人员分配与专业技能的匹配；快速搜索受困人员并处理突发的简单救援技术问题；识别搜索人员的安全风险；搜寻区域任务派遣实现全覆盖。

5. 支援直升机救援时的地面辅助任务，包括救援场景、事件信息、直升机情况、行动计划、个人防护装备、必需的设备和可利用的专业资源，以便救援人员都了解直升机的情况；确保着陆区的安全维护；保持与机组人员的有效交流直至任务完成。

6. 启动检伤分类，提供检伤分类标签和相关协议，以便救援与评估使用；建立受困人员医疗救援点。

7. 协助操作牵引绳利用倍力系统完成提升作业；根据救援人员的要求，

协助搭建绳索救援系统；控制救援目标的运动并能够完成救援系统的复位；伤员可以停留在空中任意位置进行固定保护；执行操作时按照指挥员的命令，能够对潜在问题进行识别、沟通和处置。

3.2　操作级

1. 根据环境信息和参考资料执行救援行动；确定救援技术类型、受困人员的数量、受困人员的最后位置；采访目击者和收集信息；根据资源需求、搜索标识信息，制定救援行动计划。

2. 检查并维护个人防护装备和救援装备；完成维护日志、熟悉装备维护维修指南；识别、维修和记录装备的损坏、缺陷和磨损，并形成装备文件、归档。

3. 根据救援设备维护日志、产品说明书、设备组件更换要求和标准操作程序，检验设备的运行状况，检查所有组件的磨损与工作情况，对符合更换要求的组件及时维护保养与更新。

4. 根据绳索、扁带、绳结和辅助索具清单，依次整理、展示并检查，确保绳索、扁带、绳结和辅助索具根据实际需求辨认、布置和备份。

5. 搭建一个单锚点系统，利用救援绳（静力绳与动力绳）和辅助救援设备，搭建适合现场环境的单锚点系统，需要达到并超过预期救援目标的荷载；单锚点设置位置不能妨碍救援行动；单锚点的有效荷载需要评估并预留冗余；整个操作过程中需要实时检查单锚点系统，一旦出现风险需及时维护，确保系统的可靠性。

6. 搭建一个多锚点系统，即利用救援绳（静力绳与动力绳）和辅助救援设备，搭建适合现场环境的多锚点系统。该系统需要达到并超过预期救援目标的荷载；多锚点设置位置不能妨碍救援行动；多锚点的有效荷载需要评估并预留冗余，荷载被有效分配到多个锚点上；整个操作过程中需要实时检查多锚点系统，一旦出现风险需及时维护，确保系统的可靠性。

7. 对绳索救援系统进行目视检查；确保索具安装正确；绳索救援系统实际应用之前进行荷载测试，并按照操作口令复查各关键部位。

8. 实施物体边缘保护，防止绳索、扁带、绳结和辅助索具等救援设备在物体边缘摩擦而导致设备磨损或绳子断裂。

9. 搭建绳索保护系统，即根据救援绳、锚点系统、个人防护装备和绳索救援设备，搭建绳索保护系统以防止绳索断裂造成人员坠落。绳索保护系统相对独立，不会导致主救援绳索系统发生故障；绳索保护系统同样适用于现场制作的锚点系统和有效荷载。

10. 在救援的上升和下降过程，有效运用绳索保护系统和倍力系统；在荷载已知情况下，能评估绳索救援系统的最小操作距离与范围；确保绳索保护系统能随时介入主绳索救援系统的操作；绳索救援系统的各荷载受力位置有专人实时监控；确保绳索保护系统在设计时考虑到可以随着主绳索往复移动。

11. 在高空中根据保护系统和坠落荷载，确保救援目标下降之前，保护绳索不被拉紧，当救援目标下降时，启动绳索保护装置；救援员按照操作规范使用绳索保护系统。

12. 根据锚点系统、救援绳索、辅助救援设备和现场实际荷载与预留冗余，搭建主绳索救援系统，该系统应满足救援的上升与下降要求。

13. 在主绳索救援系统执行上升操作，根据锚点系统、救援人员操作的最小距离和防坠保护系统、提升被安全腹带绑缚的救援目标；救援目标能随时固定在主救援绳索上，防止坠落；救援人员提升操作时，需要通过主绳和保护绳上至少两个控制装置同时控制来实现双重保护；确保对救援目标的伤害最小化；救援人员可以在主救援绳上的任何位置停止并以悬挂状态休息；救援人员可以随时将上升系统转换成为下降系统；救援人员能有效控制上升速度。

14. 在主绳索救援系统执行下降操作，即根据锚点系统、救援人员操作的最小距离和防坠保护系统，下降被安全腹带绑缚的救援目标；救援目标能随时固定在主救援绳索上，防止坠落；救援人员下降操作时，需要通过主绳和保护绳上至少两个控制装置同时控制来实现双重保护；确保对救援目标的伤害最小化；救援人员可以在主救援绳上的任何位置停止并以悬挂状态休息；救援人员可以随时将下降系统转换成为上升系统；救援人员能有效控制下降速度。

15. 在高空绳索下降过程中、器材故障（如绳索卡住、下降控制装置损坏等）情况下，救援人员具备的脱困能力。根据下降控制装置模拟故障搭建锚点固定主绳索系统、绳索保护系统、下降人员佩戴的安全腹带和个人防护装备，通过下降控制装置将下降人员固定在绳索上；救援人员能从器材故障位置向上或向下逃生脱困；尽可能减少对救援人员的伤害；绳索救援系统不会因为模拟器材故障而彻底崩溃。

16. 根据锚点系统、救援绳、下降控制装置和辅助绳索救援设备，搭建最省力下降绳索系统。该系统能够满足荷载要求及预期冗余；能满足完成救援所需下降距离前提下的最小外力辅助。

17. 根据救援人员、下降绳索系统、最小移动距离和荷载情况，在高空指挥下降操作。下降全程能控制移动速度，随时固定在适当位置；救援操作方法不会接近绳索系统的荷载极限；救援全程使用绳索操作口令，确保信息沟通并随时发现系统中的潜在隐患。

18. 根据救援绳、安全钩、滑轮（单滑轮和双滑轮）、抓绳装置和辅助绳索救援设备，搭建简易的绳索倍力系统（如三倍力系统），并与锚点系统和主救援绳索系统相连接。

19. 根据救援人员、简易的倍力系统、最小移动距离、荷载情况和锚点系统，指挥队员在高空利用简易的绳索倍力系统实施救援；全过程控制移动速度；倍力系统完成复位；随时固定在适当位置；救援操作方法不会接近绳索系统的荷载极限；救援全程使用绳索操作口令，确保信息沟通并随时发现系统中的潜在隐患。

20. 根据荷载情况、锚点系统、救援绳、安全钩、滑轮（单滑轮和双滑轮）、抓绳装置和辅助绳索救援设备，搭建钢丝与绳索复合的倍力系统（如钢丝与卷扬机组合使用），降低提升过程中的人力需求。

21. 根据救援人员、钢丝与绳索复合的倍力系统、最小移动距离、荷载情况和锚点系统，指挥队员在高空利用钢丝与绳索复合的倍力系统实施救援。救援全过程要控制移动速度；倍力系统完成复位；随时固定在适当位置；救援操作方法不会接近绳索系统的荷载极限；救援全程使用绳索操作口令，确保信息沟通并随时发现系统中的潜在隐患。

22. 高空上升与下降操作中，根据绳索救援系统、最小移动距离、安全腹带、边缘突出或凹陷情况和专用辅助设备，实施绳索过坎技术，降低救援人员和救援目标在过坎过程的操作与器材风险。

23. 能够现场开展评估伤情、止血包扎、心理安抚和伤员搬运等工作，将伤员转运到医疗急救点，并报告伤员伤情基本信息和现场急救处置措施。

24. 根据救援人员、担架操作员、倍力系统、最小移动距离和担架中已经包扎好的伤员的情况，在低空中指导实施将伤员固定在担架中的下降操作。下降全过程要控制移动速度；担架操作员全程管理伤员与确保担架的稳定性；倍力系统完成复位；随时将担架固定在适当位置；救援操作方法不会接近绳索系统的荷载极限；救援全程使用绳索操作口令，确保信息沟通并随时发现系统中的潜在隐患。

25. 根据救援人员、担架操作员、倍力系统、最小移动距离和担架中已经包扎好的伤员的情况，在低空中指导实施将伤员固定在担架中的上升操作。上升全过程要控制移动速度；担架操作员全程管理伤员并确保担架的稳定性；倍力系统完成复位；随时将担架固定在适当位置；救援操作方法不会接近绳索系统的荷载极限；救援全程使用绳索操作口令，确保信息沟通并随时发现系统中的潜在隐患。

26. 根据救援人员、担架操作员、倍力系统、最小移动距离和担架中已经包扎好的伤员的情况，在高空中指导实施伤员固定在担架中的下降操作；在高空下降过程中实现救援人员带担架的边缘过坎技术。下降全过程要控制移动速度；担架操作员全程管理伤员并确保担架的稳定性；倍力系统完成复位；随时将担架固定在适当位置；救援操作方法不会接近绳索系统的荷载极限；救援全程使用绳索操作口令，确保信息沟通并随时发现系统中的潜在隐患。

27. 根据事件任务、提供的资源、安全评估，有效管理救援人员面临的风险并维护救援现场安全。根据情况变化能够终止救援行动；在终止行动期间能确保救援人员和旁观者的环境安全；现场填报评估记录表格与文件；将现场指挥控制权移交给责任方；向责任方通报潜在或现有的危险；准备情况汇报和经验总结。

3.3 技师级

1. 高空静止救援目标被障碍物所困情况。在高空绳索救援中，指挥救援人员将受困在半空中的救援目标从被困环境（非绳索系统）中移除；根据被困救援目标情况，利用绳索救援技术将救援目标转移至地面安全区域，并进行医疗急救与转运。

2. 高空静止救援目标被绳索系统所困情况。在高空绳索救援中，指挥救援人员将受困在半空中的救援目标从被困环境（绳索系统）中移除；根据被困救援目标情况，利用安全腹带、固定绳索和安全钩等器材，将救援目标从受困的绳索系统上转移至地面安全区域并进行医疗急救与转运；确保救援绳索系统与受困绳索系统各环节的安全检查。

3. 高空移动救援目标情况。在高空绳索救援中，指挥救援人员将从绳索或带子悬吊下来的受困人员直接转移到另一个独立的绳索下降系统或倍力系统；综合考虑绳索救援系统、最小移动距离、受困人员转移系统、现场环境等情况，确保受困人员的位移最小化与风险最小化；将救援目标从移动悬吊下降状态转移至地面安全区域并进行医疗急救与转运；确保主救援绳索系统与受困人员转移绳索系统各环节的安全检查。

4. 根据救援人员、担架操作员、倍力系统、最小移动距离和担架中已经包扎好的伤员的情况，在高空中指导实施伤员固定在担架中的上升与下降双向综合操作；确保受困人员的位移最小化与风险最小化；在高空上升过程中实现救援人员带担架的边缘过坎技术。

5. 搭建水平横渡转移绳索救援系统，根据救援人员、救援设备和救援环境，有效分配人力资源和装备资源；评估系统承载的实际荷载并预期冗余；设计规避障碍物的优化救援路线；确保救援绳索系统各环的安全检查；确保救援目标在绳索系统上的移动速度和摆动状态平稳；设计最小化人力所需的绳索救援系统。

6. 高空救援目标悬吊状态下的水平移动。根据救援人员、已搭建的绳索系统和救援目标，指挥队伍将悬吊状态下的救援目标转移到水平横渡绳索系统上，并沿水平方向继续转移至安全位置；确保救援目标在绳索系统上的移动速度和摆动状态平稳；救援全程使用绳索操作口令，确保信息沟通并随时发现系统中的潜在隐患。

7. 在高空救援中，同时实现个人攀爬、绳索提升、绳索下降和水平横渡；综合运用技术穿越障碍物和边缘沟坎；利用防坠落保护系统，设计人员坠落意外情况，并能有效解决。

8. 在高空救援中，能与情绪或心理处于不稳定的受困人员互动交流；根据心理急救技术开展安抚沟通；确保沟通情况实时准确传递给地面指挥员。

第四章

结构坍塌救援

4.1 认知级

1. 根据建筑物结构坍塌类型，确定结构坍塌救援的装备需要、技术需求和人员需求；启动结构坍塌救援应急响应体系。

2. 分析环境情况、参考相关技术资料评估坍塌现场，完成收集信息。具体包括：确定救援范围、受困人员数量、受困人员最后疑似位置；采访现场目击者，评估结构坍塌救援的装备、技术和人员的具体需求；识别和制作搜索标识。

3. 按照结构坍塌事件应急预案响应等级，启动现场管理程序、确定初始指挥体系；建立事件跟踪与责任追查机制；制定事件行动计划。

4. 根据现场危险情况、个人防护装备、需要的救援装备数量、需要的救援人数规模和将要开展救援的预计时长，建立合适的现场安全工作区，并现场实施隔离管控。

5. 根据收集的事故现场信息、受困人员最后疑似位置和个人防护装备，展开表面快速搜索，制作搜索标识；向指挥部实时汇报发现的最新信息；提供结构坍塌救援专业技能需求的匹配建议；尽快准确定位所有受困人员。

6. 针对某一具体结构坍塌现场，制作搜索标识系统，具体信息包括：救援阶段、受困人员位置、建筑结构内疑似危险源类型及位置、坍塌现场出入口位置等。

7. 现场进行检伤分类，根据受困人员情况和现场医疗资源能力，评估救援优先顺序。

8. 根据受困人员的运输工具、担架类型（卷式、篮式、铲式等）和现场环境，将伤员固定在担架中，并快速从废墟中转移出来搬运到运输工具上。

4.2　操作级

1. 对轻型框架或无钢筋砌体（URM）坍塌结构外围开展评估。识别周边环境的风险源、确定结构坍塌类型、建筑占地情况，评估救援资源需求（技术、设备和人员）和建立现场安全警戒区域。

2. 对轻型框架或无钢筋砌体（URM）坍塌结构内部开展评估。根据外围的评估信息、内部建筑结构特点和疑似受困人员位置，确定搜索区域和定位受困人员的具体位置。

3. 根据外围和内部的评估信息，以及轻型框架和无钢筋砌体建筑结构特点，制定轻型框架或无钢筋砌体（URM）坍塌结构救援事故行动计划。其具体包括外围和内部的潜在环境风险、专业的救援资源需求、现场工作场地范围、结构坍塌类型、救援行动目标和救援现场安全预案。

4. 执行行动计划。根据结构坍塌救援事故行动计划，建立组织管理与动态监测；寻求专业救援资源；制定现场安全措施。

5. 搜索轻型框架和无钢筋砌体坍塌结构，根据个人防护装备、搜索任务、操作规程和评估信息，识别或制作搜索标识；确定并报告受困人员位置及潜在危害；确定现场可以采取的救援技术方案；搜索过程确保自身与其余救援人员的安全。

6. 加固轻型框架和无钢筋砌体坍塌结构，根据被加固结构的尺寸、局部坍塌类型和结构坍塌加固工具，制定并实施加固方案。其中，方案时刻遵循减少结构构件被移动的策略；加固过程中救援人员熟悉危害（余震、结构失稳等）预警信息；掌握结构坍塌救援专业的个人防护设备；针对上述不确定危害现场成立突发事件的应急小组。

7. 开展救援行动时，确保现场照明保障、现场安全管理、现场环境污染监控、救援人员健康监测与心理安抚。

8. 从轻型框架和无钢筋砌体建筑坍塌结构中转移一名受困人员，根据个人防护装备、救援装备和现场环境资源，利用破拆技术、剪切技术、顶升技术、支撑技术和移除技术，搭建救援通道；现场应对受困人员的挤压综合征；救援任务需要在规定时间内完成；救援技术实施过程中不能破坏坍塌结构稳定性。

9. 从轻型框架和无钢筋砌体建筑坍塌结构中解救一名受困人员，并现场开展止血包扎和基本生命支持（CPR+AED）；现场评估伤员是否出现挤压综合征，并有效利用止血带进行处置；分析情况，随时引入高级生命支持；防止现场血液污染与伤员感染情况；医疗院前急救的措施要符合时间规定要求，并转运给医疗点进行下一步专业处置。

10. 顶升技术。在轻型框架和无钢筋砌体建筑坍塌结构中利用顶升设备（电动、气动、液压和机械等）将重物从地面抬起；在顶升的前、中、后三个阶段，时刻保持重物的稳定，速度可控并随时可以停止操作。

11. 移除技术。在轻型框架和无钢筋砌体建筑坍塌结构中，利用移除设备（电动、气动、液压和机械等）将重物从坍塌结构中移动到指定位置，速度可控并随时可以停止操作。

12. 破拆技术。在轻型框架和无钢筋砌体建筑坍塌结构中，利用破拆防护装备（额外需要护目镜、耳塞、护膝护肘、防尘 N95 口罩和现场洒水器）、破拆救援工具（电动、内燃、液压等），建立救援通道到达受困目标位置，安全破拆技术与快速破拆技术随着现场环境随时转换。

13. 叠木支撑技术。根据轻型框架和无钢筋砌体建筑坍塌结构的现场环境，支撑高度、支撑面积、个人防护装备、救援工具、各种长度与尺寸的木材，搭建叠木支撑系统，确保支撑体能够承受荷载并保持系统稳定，达到支撑高度。

14. 检查并维护个人防护装备。根据装备维护保养说明书和操作规范指南，针对装备的损坏、缺陷和磨损情况，开展检查、记录和修理，确保装备正常运行，并做好维护保养日志。

15. 检查并维护救援设备。根据设备维护保养说明书和操作规范指南，针对设备的损坏、缺陷和磨损情况，开展定期的检查、记录、修理和保养，确保设备正常运行，并做好维护保养日志。

16. 终止救援行动。根据事件任务、提供的资源、安全评估，有效管理救援人员面临的风险并维护救援现场安全；根据情况变化能够终止救援行动；在终止行动期间能保护救援人员和旁观者的环境安全；现场填报评估记录表格与文件；将现场指挥控制权移交给责任方；向责任方通报潜在或现有的危险；准备情况汇报和经验总结。

4.3　技师级

1. 对钢筋混凝土、钢体结构等重型坍塌建筑结构外围开展评估。识别周边环境的风险源、确定结构坍塌类型、建筑占地情况，评估救援资源需求（技术、设备和人员）和建立现场安全警戒区域。

2. 对钢筋混凝土、钢体结构等重型坍塌建筑结构内部开展评估。根据外围的评估信息、内部建筑结构特点和疑似受困人员位置，确定搜索区域和定位受困人员的具体位置。

3. 根据外围和内部的评估信息，以及钢筋混凝土、钢体结构等建筑结构特点，制定钢筋混凝土、钢体结构等重型坍塌建筑结构救援事故行动计划。其具体包括外围和内部的潜在环境风险、专业的救援资源需求、现场工作场地范围、结构坍塌类型、救援行动目标和救援现场安全预案。

4. 执行行动计划。根据钢筋混凝土、钢体结构等重型坍塌建筑结构救援事故行动计划，建立组织管理与动态监测；寻求专业救援资源；制定现场安全措施。

5. 搜索钢筋混凝土、钢体结构等重型坍塌建筑结构，根据个人防护装备、搜索任务、操作规程和评估信息，识别或制作搜索标识；确定并报告受困人员位置及潜在危害；确定现场可以采取的救援技术方案；搜索过程确保自身与其余救援人员的安全。

6. 加固钢筋混凝土、钢体结构等重型坍塌建筑结构，根据被加固结构的尺寸、局部坍塌类型和结构坍塌加固工具，制定并实施加固方案，其中方案时刻遵循减少结构构件被移动的策略；加固过程中救援人员熟悉危害（余震、结构失稳等）预警信息；掌握结构坍塌救援专业的个人防护设备；针对上述不确定危害现场成立突发事件的应急小组。

7. 开展救援行动时，确保现场照明保障、现场安全管理、现场环境污染监控、救援人员健康监测与心理安抚。

8. 从钢筋混凝土、钢体结构等重型坍塌建筑结构中转移一名受困人员，根据个人防护装备、救援装备和现场环境资源，利用破拆技术、剪切技术、顶升技术、支撑技术和移除技术，搭建救援通道；现场应对受困人员的挤压综合征；救援任务需要在规定时间内完成；救援技术实施过程中不能破坏坍塌结构稳定性。

9. 从钢筋混凝土、钢体结构等重型坍塌建筑结构中解救一名受困人员，并现场开展止血包扎和基本生命支持（CPR+AED）；现场评估伤员是否出现挤压综合征，并有效利用止血带进行处置；分析情况，随时引入高级生命支持；防止现场血液污染与伤员感染情况；医疗院前急救的措施要符合时间规定要求，并转运给医疗点进行下一步专业处置。

10. 顶升技术。在钢筋混凝土、钢体结构等重型坍塌建筑结构中，利用顶升设备（电动、气动、液压和机械等）将重物从地面抬起；在顶升的前、中、后三个阶段，时刻保持重物的稳定，速度可控并随时可以停止操作。

11. 移除技术。在钢筋混凝土、钢体结构等重型坍塌建筑结构中，利用移除设备（电动、气动、液压和机械等）将重物从坍塌结构中移动到指定位置，速度可控并随时可以停止操作。

12. 破拆技术。在钢筋混凝土、钢体结构等重型坍塌建筑结构中，利用破拆防护装备（额外需要护目镜、耳塞、护膝护肘、防尘 N95 口罩和现场洒水器）、破拆救援工具（电动、内燃、液压等），建立救援通道到达受困目标位置，安全破拆技术与快速破拆技术随着现场环境随时转换。

13. 叠木支撑技术。根据钢筋混凝土、钢体结构等重型坍塌建筑结构现场环境，支撑高度、支撑面积、个人防护装备、救援工具、各种长度与尺寸的木材，搭建叠木支撑系统，确保支撑体能够承受荷载并且保持系统稳定，达到支撑高度。

14. 支撑加固技术。根据现场环境、支撑高度、支撑面积、支撑荷载、个人防护装备、制作工具、各种长度与尺寸的木材、木板、楔子和垫木，制作点支撑（垂直、水平和倾斜）、面支撑（垂直、水平和倾斜）和体支撑（垂直、水平和倾斜），模块化组合搭建木材支撑系统；识别木材荷载接近极限时的报警表征；估算支撑结构有效荷载数值；荷载保持预期冗余量满足安全系数要求；实时评估支撑结构关键部位的受力变化，能做出正确判断与有效应对；布设现场余震监测设备、人员进出现场管理日志、工作进度与环境（温度、湿度、含氧量）信息上报系统；支撑加固时保证救援通道有备选方案。

15. 切割钢结构技术。根据钢结构特点、救援切割工具（电、气、锯等）、现场操作环境和个人防护装备，在确保救援人员和受困人员做好有效防护的前提下，在规定时间范围内切断钢结构；制定现场消防安全（火灾、缺氧、烧伤、外伤等）应急预案。

16. 重型吊装技术。根据被吊装物体情况、现场工作半径、个人防护装备、远程通信设备、操作规范手语和现场安全监督，通过指挥员、设备操作员、现场操作员和现场安全员共同协作完成任务。

第五章

受限空间救援

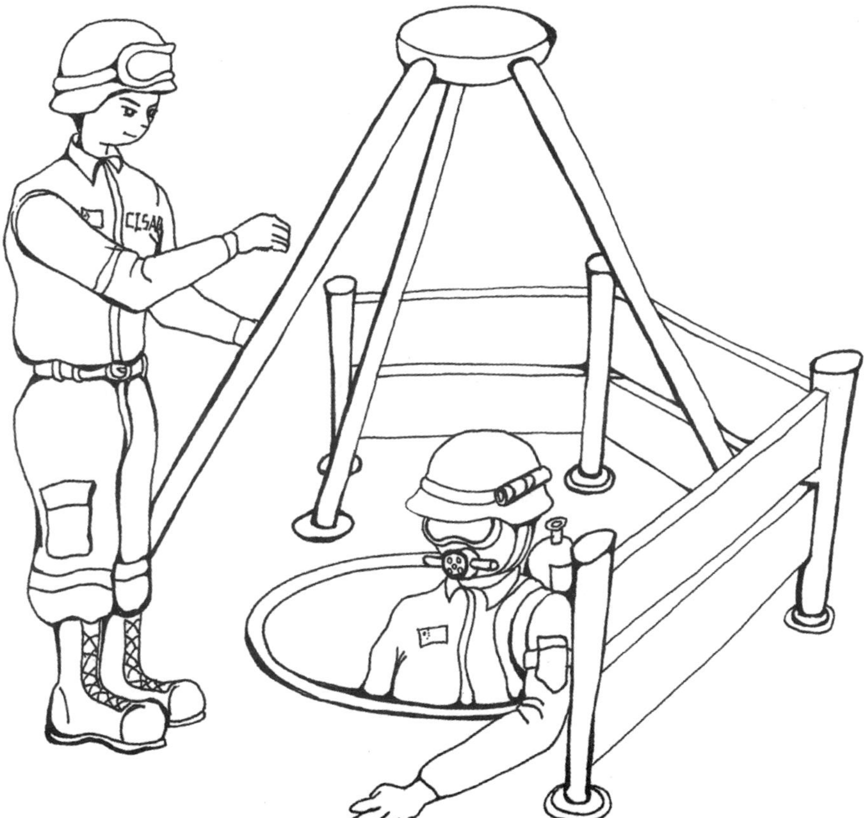

5.1 认知级

1. 识别受限空间现场所需的救援技术资源与实现条件；为任务现场提供动力照明和秩序管理；协助完成伤员的现场安抚；现场救援行动辅助支援。

2. 识别事故造成的危害；评估现场管控风险、个人防护装备（PPE）、必需的救援装备和可利用的专业资源；根据危害识别情况、资源是否符合操作要求、风险隔离程序、救援风险最小化和救援时间限制，启动管控程序。

3. 识别受限空间救援所需资源；整理事件信息、沟通方式、资源清单与工作计划表；参考适用的标准操作程序；建立指挥机构、记录事件行动、协调救援工作和监督分配任务。

4. 根据个人防护装备、搜索装备、受限空间环境特点和受困人员信息，开展周围紧邻区域的搜索行动；识别并制作搜索标识、建立受困人员档案；管理所有参与搜寻人员进出的现场登记体系；更新资料并上传指挥部；进行人员分配与专业技能的匹配；快速搜索受困人员并处理突发的简单救援技术问题；识别搜索人员的安全风险；搜寻区域任务派遣实现全覆盖。

5. 与受困人员建立沟通，根据受困人员所处位置尽可能找到良好的沟通环境；沟通了解受困人员身体基本情况和病史；将信息收集记录并分享给后续受限空间救援队伍。

6. 非进入式救援。在一个内部无有害气体的受限空间内，通过个人防护装备、锚点系统和绳索系统，将设备传递给受困人员并正确连接后迅速移除；救援过程采用无线通信设备沟通；受困人员按照要求正确穿戴安全腹带；在受限空间出口位置（无边缘保护情况下）确保救援人员免受坠落危险；受困者通过出口时采取安全保护措施，并移除后及时采取医疗护理措施。

5.2　操作级

1. 对受限空间（可见区域）收集信息，根据个人防护装备、搜索任务、受限空间现场环境、受困人员情况和操作规程，识别或制作搜索标识；现场询问周围人员背景信息；确定并报告受困人员位置及潜在危害；将现场信息实时上报指挥部；确定现场可以采取的救援技术方案；搜索过程应确保自身与其余救援人员的安全。

2. 评估信息并制定救援行动计划。根据现场情况、背景信息和操作规范，对受限空间救援进行评估；确定救援技术类型、受困人员数量、受困人员最后报告时的所处位置；跟信息来源方沟通现场所需的支持（信息、人员、装备和安全维护等）；评估受限空间救援的需求（技术、人员和装备），制作相应的救援标识系统（搜索标识）；制定救援行动计划。

3. 环境监测，穿戴个人防护装备，采集周围空间环境样本，利用检测设备记录周围暴露空间危险源信息；利用监测设备实时监控危险源信息变化（程度和范围）。

4. 事件评估，采访现场群众、观察并检测受困人员周围环境；确定受困人员具体位置与危险因素；确定救援人员和受困人员从受限空间进出的方法；确定人员转移的路径和系统搭建方案；为救援人员制定紧急突发预案。

5. 现场控制。根据现场的救援装备和危险源波及范围，建立现场救援安全控制区域；指挥人员现场管理日志并严格控制其余人员的进入；保护救援人员免受危险因素影响（材料、气体、能量释放等）；保护受困人员免受进一步伤害。

6. 在受限空间救援中，救援队员需使用自给式呼吸器（正压式空气呼吸器，SCBA）。此时，需要注意以下几点：

（1）受限空间内部结构清晰通畅，救援人员可以利用搜索技术和绳索系统开展救援。

（2）从受限空间主入口的外侧可以很容易地看到受困人员。

（3）当按照正确方式穿戴好个人防护装备后，救援人员可以很轻易地通过受限空间的出入口。

（4）除遇难者外，该受限空间还可以再容纳两名或两名以上救援人员。

（5）受限空间周围和内部的所有危险都已被识别并标识。

（6）通过使用 SCBA 可以有效缓解环境对救援人员的危害。

（7）受限空间内执行任务全过程需佩戴 SCBA。

（8）救援人员需要时常评估钢瓶中剩余的空气量，并将该剩余空气量实时报告给受限空间外的救援人员。

（9）救援人员必须在 SCBA 的空气量低压警报启动之前离开受限空间。

7. 在需要考虑呼吸防护，且救援人员使用自给式呼吸器（正压式空气呼吸器，SCBA）的受限空间救援中，需要为有生命迹象的受困人员提供呼吸防护及相关设备。此时，需要注意以下几点：

（1）受限空间内部结构清晰通畅，救援人员可以利用搜索技术和绳索系统开展救援。

（2）从受限空间主入口的外侧可以很容易地看到受困人员。

（3）当按照正确方式穿戴好个人防护装备后，救援人员可以很轻易地通过受限空间的出入口。

（4）除遇难者外，该受限空间还可以再容纳两名或两名以上救援人员。

（5）受限空间周围和内部的所有危险都已被识别并标识。

（6）通过使用 SCBA 可以有效缓解环境对受困人员的危害。

（7）快速给受困人员佩戴呼吸面罩，正确放置在面部位置，并且收集绷带、确保面罩周围无空气泄漏。

（8）佩戴呼吸面罩可以与脊柱预防措施同时进行（如上颈托）。

（9）在受困人员者移动过程中，时刻确保气瓶与泄压阀等呼吸器材的牢固，移动过程中不会将面罩从受困人员面部拉出。

（10）时常监测呼吸器中剩余的空气量并与受困人员保持交流，确保空气供应不中断的情况下，将受困人员从受限空间中移除。

8. 在受限空间内对受困人员进行（充足时间 / 全身脊柱板）脊柱固定。此时，需要注意以下几点：

（1）受限空间内部结构清晰通畅，救援人员可以利用搜索技术和绳索系统开展救援。

（2）从受限空间主入口的外侧可以很容易地看到受困人员。

（3）当按照正确方式穿戴好个人防护装备后，救援人员可以很轻易地通过受限空间的出入口。

（4）除遇难者外，该受限空间还可以再容纳两名或两名以上救援人员。

（5）受限空间周围和内部的所有危险都已被识别并标识。

（6）通过使用 SCBA 可以有效缓解环境对受困人员的危害。

（7）在接触到受困人员时立即手动将其颈椎保持在身体中线位置，该状态需保持到身体和头部被完全固定为止。

（8）将受困人员移动到脊柱固定装置（如全身脊柱板），并充分填充受困人员和固定装置之间的空隙，有效防止在移动过程中脊柱的移动。

9. 准备进入水平方向的受限空间。此时，需要注意以下几点：

（1）受限空间内部结构清晰通畅，救援人员可以利用搜索技术和绳索系统开展救援。

（2）从受限空间主入口的外侧可以很容易地看到受困人员。

（3）当按照正确方式穿戴好个人防护装备后，救援人员可以很轻易地通过受限空间的出入口。

（4）除遇难者外，该受限空间还可以再容纳两名或两名以上救援人员。

（5）受限空间周围和内部的所有危险都已被识别并标识。

（6）通过使用 SCBA 可以有效缓解环境对救援人员的危害。

（7）可能的情况下建立与受困人员的沟通。

（8）启动持续的环境监测，检查救援人员的准备情况并分析评估救援人员的状态。

（9）发现不适情况时应立即更换进入受限空间作业的救援人员。

（10）反复确定进入与退出的路线和方法，并制定救援人员撤离计划。

10. 进入水平方向的受限空间实施救援。此时，应配备个人防护装备、安全检测装备、通信装备、便携式照明装备和救援工具，并需要注意以下几点：

（1）受限空间内部结构清晰通畅，救援人员可以利用搜索技术和绳索系统开展救援。

（2）从受限空间主入口的外侧可以很容易地看到受困人员。

（3）当按照正确方式穿戴好个人防护装备后，救援人员可以很轻易地通过受限空间的出入口。

（4）除遇难者外，该受限空间还可以再容纳两名或两名以上救援人员。

（5）受限空间周围和内部的所有危险都已被识别并标识。

（6）通过使用 SCBA 可以有效缓解环境对救援人员的危害。

（7）接触受困人员后，评估其精神和身体状况，并实时监测内部空间的有害气体与氧气浓度。

（8）救援人员全程使用照明系统。

（9）救援人员身体全程要与主救援绳索相连。

11. 将受困人员固定在担架中，并从水平方向的受限空间中移除。利用受限空间救援工具、担架和绳索救援设备，评估受限空间内部和外部是否满足担架的搬运；将受困人员固定在担架上，如果需要可进一步将担架再固定在绳索救援系统中；将担架从受限空间的入口处移除，并在移除过程中安抚、保护和监测受困人员。

12. 设置垂直方向受限空间的锚点系统（如救援三脚架），将绳索救援系统和呼吸防护装备等统一连接在锚点系统上，锚点与受限空间的入口之间应该留有足够的空间，以便受困人员从入口处提升出来时不受锚点高度影响。

13. 准备进入垂直方向的受限空间。此时，需要注意以下几点：

（1）受限空间内部结构清晰通畅，救援人员可以利用搜索技术和绳索系统开展救援。

（2）从受限空间主入口的外侧可以很容易地看到受困人员。

（3）当按照正确方式穿戴好个人防护装备后，救援人员可以很轻易地通过受限空间的出入口。

（4）除遇难者外，该受限空间还可以再容纳两名或两名以上救援人员。

（5）受限空间周围和内部的所有危险都已被识别并标识。

（6）通过使用 SCBA 可以有效缓解环境对救援人员的危害。

（7）可能的情况下建立与受困人员的沟通。

（8）启动持续的环境监测，检查救援人员的准备情况并分析评估救援人员的状态。

（9）发现不适情况时应立即更换进入受限空间作业的救援人员。

（10）反复确定进入与退出的路线和方法，并制定救援人员撤离计划。

14. 进入垂直方向受限空间实施救援。此时，应配备个人防护装备、安全检测装备、通信装备、便携式照明装备和救援工具，并需要注意以下几点：

（1）受限空间内部结构清晰通畅，救援人员可以利用搜索技术和绳索系统开展救援。

（2）从受限空间主入口的外侧可以很容易地看到受困人员。

（3）当按照正确方式穿戴好个人防护装备后，救援人员可以很轻易地通过受限空间的出入口。

（4）除遇难者外，该受限空间还可以再容纳两名或两名以上救援人员。

（5）受限空间周围和内部的所有危险都已被识别并标识。

（6）通过使用 SCBA 可以有效缓解环境对救援人员的危害。

（7）接触受困人员后，评估其精神和身体状况，并实时监测内部空间的有害气体与氧气浓度。

（8）救援人员全程使用照明系统。

（9）救援人员身体全程要与主救援绳索相连。

15. 将受困人员固定在担架中，并从垂直方向的受限空间中移除。利用受限空间救援工具、担架和绳索救援设备，评估受限空间内部和外部是否满足担架的搬运；将受困人员固定在担架上，如果需要可进一步将担架再固定在绳索救援系统中；将担架从受限空间的入口处移除，并在移除过程中安抚、保护和监测受困人员。

16. 受限空间内呼吸停止的受困人员的应对。一旦发现呼吸停止的受困人员需立即将其移除，即在最短时间内利用安全附带等将其固定在绳索系统上从受限空间中移除。

17. 从受限空间中移除所有人员与装备，包括个人防护装备、绳索救援装备、呼吸防护装备、救援工具、辅助装备（照明设备、空气循环装备、气瓶、医疗装备、搬运装备等）；对受困人员与救援人员开展全身洗消；将受困人员送往紧急医疗服务机构。

18. 根据事件任务、提供的资源、安全评估，有效管理救援人员面临的风险并维护救援现场安全；根据情况变化能够终止救援行动；在终止行动期间能保护救援人员和旁观者的环境安全；现场填报评估记录表格与文件；将现场指挥控制权移交给责任方；向责任方通报潜在或现有的危险；准备情况汇报和经验总结。

5.3　技师级

1. 收集受限空间（不可见区域）的信息，根据个人防护装备、搜索任务、受限空间现场环境、受困人员情况和操作规程，识别或制作搜索标识；现场询问周围人员背景信息；确定并报告受困人员位置及潜在危害；向指挥部实时上报信息；确定现场可以采取的救援技术方案；搜索过程确保自身与其余救援人员的安全。

2. 参考相关标准、规范和指南，制定受限空间救援行动紧急预案，确保紧急情况下可直接使用，包括：辨识与标识危险源；处置与记录隔离方法；辨识与记录受限空间所有出入口位置及与其相连的通道布局；辨识与记录受限空间所有出入口类型与周边环境；分析受限空间内部环境、结构与资源配置。

3. 在受限空间救援中，救援队员要使用供给式呼吸系统（SARs），需要注意以下几点：

（1）供给式呼吸系统的管线与绳索系统在救援时，不得相互缠绕，以免造成阻塞压力异常或摩擦力异常。

（2）从受限空间出入口的外侧无法看到受困人员。

（3）受限空间的入口大小和空间内部结构不允许穿戴自给式呼吸器（正压式空气呼吸器）进入，只得利用供给式呼吸系统（SARs）。

（4）受限空间周围和内部的所有危险都已被识别并标识。

（5）通过使用供给式呼吸系统（SARs）可以有效缓解环境对救援人员的危害。

（6）受限空间内执行任务全过程需佩戴供给式呼吸系统（SARs）。

4. 在受限空间内对受困人员进行（短时间 / 半身脊柱板）临时性脊柱固定。此时，需要注意以下几点：

（1）受限空间的入口大小和空间内部结构不允许使用全尺寸的全身脊柱板。

（2）受限空间周围和内部的所有危险都已被识别并标识。

（3）通过使用供给式呼吸系统（SARs）可以有效缓解环境对救援人员和受困人员的危害。

（4）在接触到受困人员时立即手动将其颈椎保持在身体中线位置，该状态需保持到身体和头部被完全固定在半身脊柱板为止。

（5）将受困人员移动到临时性脊柱固定装置（如半身脊柱板），并充分填充受困人员和固定装置之间的空隙，有效防止在移动过程中脊柱的移动。

5. 进入存在有害气体的受限空间开展救援。此时，需要注意以下几点：

（1）受限空间的内部结构复杂，供气系统和绳索系统可能产生缠绕风险，搜索标识信息可能存在缺失风险。

（2）从受限空间出入口的外侧无法看到受困人员。

（3）可能存在受限空间的出入口大小和空间内部结构不允许穿戴自给式呼吸器（正压式空气呼吸器）进入的情况。

（4）受限空间周围和内部的所有危险都已被识别并标识。

（5）通过使用供给式呼吸系统（SARs）可以有效缓解环境对救援人员和受困人员的危害。

（6）可能的情况下建立与受困人员的沟通。

（7）启动持续的环境监测，检查救援人员的准备情况并分析评估救援人员的状态。

（8）发现不适情况时应立即更换进入受限空间作业的救援人员。

（9）反复确定进入与退出的路线和方法，并制定救援人员撤离计划。

6. 进入缺氧环境的受限空间开展救援。此时，需要注意以下几点：

（1）受限空间的内部结构复杂，供气系统和绳索系统可能产生缠绕风险，搜索标识信息可能存在缺失风险。

（2）从受限空间出入口的外侧无法看到受困人员。

（3）可能存在受限空间的出入口大小和空间内部结构不允许穿戴自给式呼吸器（正压式空气呼吸器）进入的情况。

（4）受限空间周围和内部的所有危险都已被识别并标识。

（5）通过使用供给式呼吸系统（SARs）可以有效缓解环境对救援人员和受困人员的危害。

（6）可能的情况下建立与受困人员的沟通。

（7）启动持续的环境监测，检查救援人员的准备情况并分析评估救援人员的状态。

（8）发现不适情况时应立即更换进入受限空间作业的救援人员。

（9）反复确定进入与退出的路线和方法，并制定救援人员撤离计划。

第六章

车辆救援

6.1 认知级

1. 识别现场救援技术实现所需的资源与条件；启动应急响应系统；在救援资源到来之前能够保护现场安全；将具有认知级能力的人员编入救援行动计划中。

2. 根据事件类型、安全风险、时间信息、事件地点和个人防护装备（PPE），建立现场安全区域；在现场正确使用标识系统（Marking System），并使其可以被其他人员识别与理解；运用事件指挥系统（Incident Command System）与团队保持沟通，并且掌握救援现场人员出入登记系统。

3. 识别一件操作级或技师级的事故；根据事件、任务、行动计划和工具资源，向指挥部报告事故进展；对于环境问题、人员康复和支持计划，能指定具体的应对方案。

4. 评估事故大小的能力，根据事故的背景信息和参考资料，能够定义操作模式、资源可用性、响应时间、适用的救援技术类型，能够确定受困人员的数量、确定受困人员的位置、识别并采访目击者、评估现场救援技术实现所需的资源与条件、识别搜索标识系统信息，并掌握制定行动计划所需的信息。

6.2 操作级

1. 制定中小型车辆事故救援行动计划，根据现场情况、操作规范和技术指南进行初步评估，确保使用标准评估程序与方法；识别现场突发紧急情况和潜在危险；设计危险源隔离方法和防护措施；制定灭火方案和应急疏散方案；现场评估车辆稳定性及支护技术装备需求；制作现场资源需求清单。

2. 建立防火和防爆设施，确保控制火势和预防爆炸威胁；将火势现状、环境变化、威胁半径和救援目标现状及时传递给指挥人员。

3. 利用救援装备和个人防护装备，支护救援车辆，使其在救援行动中保持稳定；车辆救援的入口、出口和工作安全区域不受危险源影响；救援行动不能破坏车辆的稳定性；支护选择的支撑点结构稳定性良好；设置专业人员或设备对支撑点和支撑结构实时监控。

4. 隔离和管理潜在危险源，包括液体燃料、固态电池和特殊材料，确保现场识别出所有疑似危险源；隔离危险源并有效管理监控；评估危险源的环境威胁及潜在风险；确保救援人员和受困人员所受威胁降到最低。

5. 根据车辆结构、损坏特征和受困人员位置，确定救援出入口位置；确保选定的出入口救援方式不会影响车辆稳定性；出入口周边需要安全保护防止割伤划伤；启动车辆支护稳定救援行动。

6. 利用车辆救援设备和个人防护装备，切割车辆建立救援出入口；救援人员和救援设备的移动要考虑对受困人员的潜在威胁，需要提前做安全防护；设计现场紧急撤离逃生通道；救援行动全过程需要保持车辆的稳定。

7. 移除受困人员身上的束缚（如安全带、车辆构件等）。利用救援工具、个人防护装备，保护好受困人员免受进一步伤害；紧急医疗防护；现场实施动作平稳，以确保不造成进一步伤害。

8. 将受困人员安全转移到指定安全区域。团队协作，利用搬运转移装备，使受困人员顺利通过预先设定的救援出入口；移除过程保持平稳，防止造成进一步伤害。

9. 终止车辆救援行动。根据事件任务、提供的资源、安全评估，有效管理救援人员所面临的风险并维护救援现场安全；根据情况变化能够终止救援行动；在终止行动期间能保护救援人员和旁观者的环境安全；现场填报评估记录表格与文件；将现场指挥控制权移交给责任方；向责任方通报潜在或现有的危险；准备情况汇报和经验总结。

6.3 技师级

1. 制定重型车辆事故救援行动计划。根据现场情况、操作规范和技术指南进行初步评估，确保使用标准评估程序与方法；识别现场突发紧急情况和潜在危险；设计危险源隔离方法和防护措施；制定灭火方案和应急疏散方案；现场评估车辆稳定性及支护技术装备需求；制作现场资源需求清单。

2. 利用救援装备和个人防护装备，支护救援重型车辆，使其在救援行动中保持稳定；车辆救援的入口、出口和工作安全区域不受危险源影响；救援行动不能破坏车辆的稳定性；支护选择的支撑点结构稳定性良好；设置专业人员或设备对支撑点和支撑结构实时监控。

3. 根据重型车辆结构、损坏特征和受困人员位置，确定重型车辆救援出入口位置；确保选定的出入口救援方式不会影响车辆稳定性；出入口周边需要安全保护防止割伤划伤；启动车辆支护稳定救援行动。

4. 利用车辆救援设备和个人防护装备，切割重型车辆建立救援出入口；救援人员和救援设备的移动要考虑对受困人员的潜在威胁，需要提前做好安全防护；设计现场紧急撤离逃生通道；救援行动全过程需要保持车辆的稳定。

5. 移除在重型车辆上受困人员身上的束缚（如安全带、车辆构件等），利用救援工具、个人防护装备，保护好受困人员免受进一步伤害；紧急医疗防护；现场实施动作平稳不造成进一步伤害。

6. 隔离和管理重型车辆上潜在危险源，包括液体燃料、固态电池和特殊材料，确保现场识别出所有疑似危险源；隔离危险源并有效管理监控；评估危险源的环境威胁及潜在风险；确保救援人员和受困人员所受威胁降到最低。

第七章

动物救援

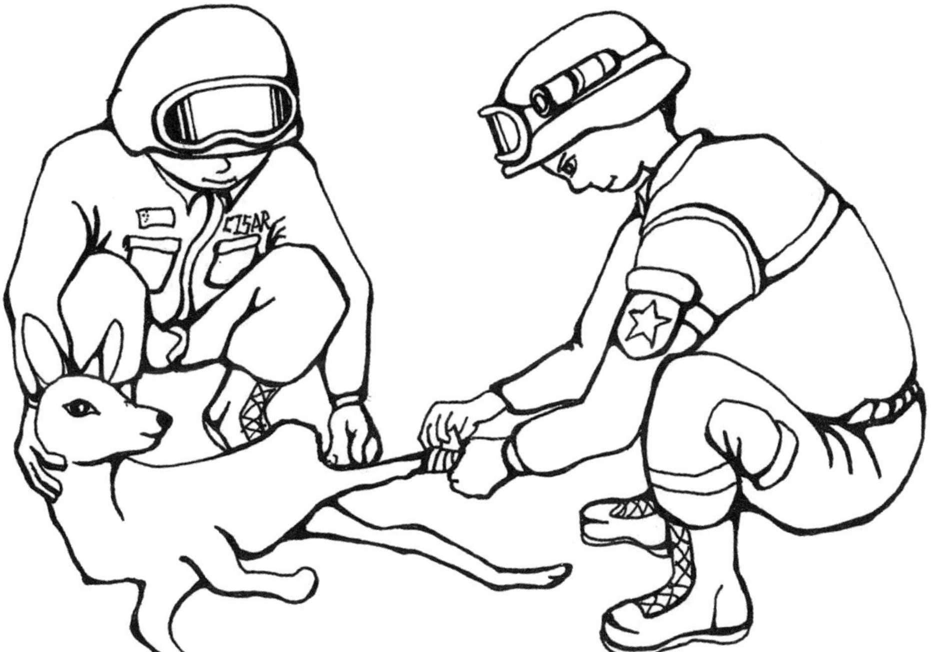

7.1 认知级

1. 识别现场救援技术实现所需的资源与条件；启动应急响应系统；在救援资源到来之前能够保护现场安全；将具有认知级能力的人员编入救援行动计划中。

2. 根据事件类型、安全风险、时间信息、事件地点和个人防护装备（PPE），建立现场安全区域；在现场正确使用标识系统（Marking System），并可以被其他人员识别与理解；运用事件指挥系统（Incident Command System）与团队保持沟通，并且掌握救援现场人员出入登记系统。

3. 识别一件操作级或技师级的事故；根据事件、任务、行动计划和工具资源，向指挥部报告事故进展；对于环境问题、人员康复和支持计划能指定具体的应对方案。

4. 评估事故大小的能力，根据事故的背景信息和参考资料，能够定义操作模式、资源可用性、响应时间、适用的救援技术类型，能够确定受困人员的数量、确定受困人员的位置、识别并采访目击者、评估现场救援技术实现所需的资源与条件、识别搜索标识系统信息，并掌握制定行动计划所需的信息。

7.2 操作级

1. 对受困动物紧急医疗处理，防止伤情进一步恶化，等到专业医疗人员到达后将受困动物的伤情和紧急医疗措施实施情况传递给对方。

2. 根据现场环境、动物受伤严重程度和救援资源的需求，确定动物护理方法和救援优先级。

3. 利用绳索救援技术，制作一个临时的受困动物固定系统；要求绳索系统的锚点和长度满足将动物上的人员（如有）或动物上的物品固定，如有必要可以将其平稳转移到安全地带。

4. 在高度落差较低的救援环境中，根据现场环境、救援装备、动物伤情和动物运输装备，制定救援行动计划；确保平稳移动受困动物，不造成进一步伤害。

5. 在高度落差较低的救援环境中，根据现场环境、救援装备、动物伤情和动物运输装备，实施移除救援行动；确保救援人员、受困人员（如有）和受困动物所面临的风险降到最低；确保受困人员（如有）和受困动物的安全保护装备（如安全腹带）在救援全过程中保持与主救援绳索系统的连接完整性；平稳安全地将受困人员和受困动物转移。

6. 按照装备保养日志、设备维护指南和标准操作程序，对救援装备定期维护保养；将承受质量超过 272 千克（约 600 磅）的大型动物救援装备与其余常规救援装备分开存放。

7. 制作一个简易绳索倍力系统（三倍、四倍或五倍），利用锚点系统、绳索、滑轮、安全钩、抓绳器等绳索救援设备，连接到主绳索系统中完成救援移除任务。

8. 制作一个复合绳索倍力系统（多个三倍、四倍或五倍的复合连接使用，如用三倍力系统牵拉五倍力系统），利用锚点系统、绳索、滑轮、安全钩、抓绳器等绳索救援设备，连接到主绳索系统中完成救援移除任务。

9. 在高度落差较高的救援环境中，搭建高角度锚点系统、制作复合绳索倍力系统；评估绳索系统受力位置不会达到极限荷载；整体绳索系统可以完全复位反复使用。

10. 在高度落差较高的救援环境中，利用高角度锚点系统和复合绳索倍力系统，根据现场环境、救援装备、动物伤情和动物运输装备，实施移除救援行动；确保救援人员、受困人员（如有）和受困动物所面临的风险降到最低；确保受困人员（如有）和受困动物的安全保护装备（如安全腹带）在救援全过程中保持与主救援绳索系统的连接完整性；平稳安全地将受困人员和受困动物转移。

11. 根据现场环境、救援装备、动物伤情和个人防护装备，可以将受困人员（如有）和受困动物从泥浆中解救出来；救援过程中需要具备应对动物体温过低、脱水和其他损伤的能力；救援行动需要在规定时间内完成。

12. 制定动物在运输车辆中的救援计划，实现从救出、转移到指定地点全过程的安全评估；制定如遇危险源（火灾、危化）的隔离方法和现场安全措施；评估车辆的安全性和稳定性；确定兽医人员全过程的护理介入。

13. 根据给定事件、任务、行动计划和工具资源，能够终止行动；在终止行动期间能保护救援人员和旁观者的环境安全；通知责任方在行动期间所造成的损害；现场填报评估记录表格与文件；将现场指挥控制权移交给责任方；向责任方通报潜在或现有的危险；准备情况汇报和经验总结。

7.3 技师级

1. 在受困时间较长且高度落差较高的救援环境中，根据现场环境、救援装备、动物伤情和动物运输装备，实施移除救援行动；确保救援人员、受困人员（如有）和受困动物所面临的风险降到最低；确保受困人员（如有）和受困动物的安全保护装备（如安全腹带）在救援全过程中保持与主救援绳索系统的连接完整性；平稳安全地将受困人员和受困动物转移。

2. 在高度落差较高的救援环境中，利用绳索救援中的孤岛救援技术，实现将受困人员（如有）和受困动物，从被困位置垂直上升、平移、斜向及垂直下降的高角度救援出来；确保救援人员、受困人员（如有）和受困动物所面临的风险降到最低；确保受困人员（如有）和受困动物的安全保护装备（如安全腹带）在救援全过程中保持与主救援绳索系统的连接完整性；平稳安全地将受困人员和受困动物转移。

3. 在高度落差较高的救援环境中，解救悬挂在绳索上的动物，动物的质量不高于 272 千克（约 600 磅）。

4. 根据现场环境、受困动物情况和直升机参数，协助完成动物的直升机救援；识别救援过程中的潜在危险，并维护现场安全。

第八章

野外搜救

8.1 认知级

1. 辨识野外环境（温差、风向、海拔、正北方位、日出日落、地面标志物、植被类型等）、地形地貌（丘陵、山地、戈壁、沙漠、沼泽、湖泊、湿地、草原、河流阶地、高原、冰川、峡谷、森林、雨林、矿坑等）和危险源（动物、湿度、辐射、紫外线、盐度、蒸发量、地质灾害、失温症、热衰竭等）。

2. 识别现场救援技术实现所需的资源与条件；启动应急响应系统；在救援资源到来之前能够保护现场安全；将具有认知级能力的人员编入救援行动计划中。

3. 根据事件类型、安全风险、时间信息、事件地点和个人防护装备（PPE），建立现场安全区域；在现场正确使用标识系统（Marking System），并可以被其他人员识别与理解；运用事件指挥系统（Incident Command System）与团队保持沟通，并且掌握救援现场人员出入登记系统。

4. 识别一件操作级或技师级的事故；根据事件、任务、行动计划和工具资源，向指挥部报告事故进展；对于环境问题、人员康复和支持计划能指定具体的应对方案。

5. 评估事故大小的能力，根据事故的背景信息和参考资料，能够定义操作模式、资源可用性、响应时间、适用的救援技术类型，能够确定受困人员的数量、确定受困人员的位置、识别并采访目击者、评估现场救援技术实现所需的资源与条件、识别搜索标识系统信息，并掌握制定行动计划所需的信息。

8.2　操作级

1. 在已划定的野外救援区域内，进一步确定实施操作级野外救援行动的重点区域范围，并制定该区域行动所需的必要救援资源。

2. 评估在已划定的野外救援区域内行动的潜在危险并提前制定应急预案。

3. 与外界保持联系并申请需要协助的野外搜救资源。

4. 采访当地人员，收集相关信息并记录疑似重点搜救区域和影响事件变化的潜在因素。

5. 根据收集到的信息，推断疑似重点搜救区域并列举支持推断结论的相关证据；按照疑似重点搜救区域提供野外救援的装备需求清单。

6. 准备在野外环境中持续工作 8 小时所需的基本物资，包括生活物资（保温、防湿、照明）、食品补给（食物、水、厨房用具）、通信物资、保障物资（运输、油料和发电机）等，确保救援人员能够在野外环境中自给自足。

7. 掌握地形地貌、定位系统和纸质地图，能够正确行驶到指定疑似重点行动区域。

8. 根据疑似重点搜救区域的野外环境和地形地貌，确定救援行动中使用的特殊装备和人员，如飞机（直升机、滑翔机、轻型固定翼等）、船（有动力或无动力）、专业越野车辆和训练有素的救援人员。

9. 对受困人员现场实施基本生命支持（BLS），包括心肺复苏、伤员搬运、体温恢复、包扎固定和生命体征检测。

10. 在野外环境中将受困人员安全固定，平稳地从发现位置一次性最少移动距离 0.4 千米（0.25 英里）。

11. 根据现场环境、行动计划、个人防护装备和救援工具资源，能够做出终止行动的判断与决定；在终止行动期间能保护救援人员和旁观者的环境安全；通知责任方在行动期间所造成的损害；现场填报评估记录表格与文件；将现场指挥控制权移交给责任方；向责任方通报潜在或现有的危险；准备情况汇报和经验总结。

12. 徒步穿越野外环境，在地图未标注的道路环境中，正确辨认方向、确保人身安全，并有能力到达预设目标地点。

8.3 技师级

1. 在已划定的野外救援区域内，进一步确定实施技师级野外救援行动的重点区域范围，并制定该区域行动所需的必要救援资源。

2. 评估实施技师级野外救援行动重点区域范围内的潜在危险并提前制定应急预案。

3. 根据收集到的信息，指定实施技师级野外救援的装备需求清单。

4. 野外环境下收集并净化水资源，通过雨水、露水、利用温差的空气液化、野外自然水源等的收集与净化，实现救援人员的水源自给自足。

5. 制定野外搜救行动计划，根据事件信息、野外环境和地形地貌，利用卫星电话和无线通信设备建立通信连接；确定潜在危险源与物资需求清单；确定救援阶段划分与时间长度；确定各阶段行动目标与应急预案；确定不同技术需求级别的搜救区域。

6. 制定搜索计划，根据搜索技术策略、失踪人员信息、失踪人员最后位置及行动轨迹、当地收集信息和可利用的实际资源，制定搜索路线、分配搜索人员、组件各小组通信连接和队伍物资分配。

7. 掌握地形地貌、定位系统和纸质地图，根据导航设备和通信设备，能够正确到达指定疑似重点行动区域，并将沿途收集信息实时传达给指挥部。

8. 能够现场指挥救援行动，根据现场环境、搜救人员能力和搜救装备能力，有效指挥搜救各个行动小组；指挥建立卫星通信；确定所需的外部支持资源；沟通传达行动计划与阶段任务；分配人力资源和装备物资；识别潜在危险源并展开媒体应对。

9. 在野外环境中准确定位受困人员，根据受困人员的信息，在划定的搜索疑似重点区域内，利用导航设备、地形图和通信设备，确定受困人员的准确坐标位置。

10. 在野外环境中搭建应急避难场所，在应急避难场所内有效储存救援物资，保护救援人员不受外界干扰（气候环境和动物威胁）。

11. 分析、测量和绘制简易的地形地貌图，给出在该区域的野外环境生存防护装备建议，评估救援队员在该区域行动的风险。

第九章

沟渠救援

9.1 认知级

1. 识别基坑或沟渠现场救援技术实现所需的资源与条件；启动应急响应系统；在救援资源到来之前能够保护现场安全。

2. 评估事故大小的能力，根据现场信息和技术资料，能够判断救援操作模式（快速救援、救援人员不进入沟渠作业和受困人员自救三种情况）的可能性、适用的救援技术类型（除沟渠救援技术外，是否还需要绳索救援、机械救援、建筑物坍塌救援等技术中的专项技术），确定受困人员的数量、确定受困人员的位置、评估受困人员存活概率、识别并采访目击者、评估现场救援技术实现所需的资源与条件，并掌握制定行动计划所需的信息。

3. 根据现场危险情况、个人防护装备、需要的救援装备数量、需要的救援人数规模和将要开展救援的预计时长，建立合适的现场安全工作区，并现场实施隔离管控。

4. 沟渠救援行动提供保障，包括现场照明、安全维护、环境监测、触电保护、备用动力源、沟渠环境通风、人员健康监测、人员急救处置和 24 小时不间断作业的保障。

5. 根据沟渠救援事故现场，制定事件指挥管理体系（ICS）与救援行动计划。

9.2 操作级

1. 在深度不超过 2.4 米（8 英尺）的非交叉直壁沟渠环境，根据现场环境、救援工具和受困人员情况，在不破坏沟渠周围土壤前提下，救援人员位于沟渠两侧的安全区域内；对沟渠壁、沟渠边缘和弃土堆实施连续监测。

2. 在深度不超过 2.4 米（8 英尺）的非交叉直壁沟渠环境，根据现场环境、救援工具、个人防护装备和受困人员情况，将受困人员从沟渠内解救出来；救援全过程不能破坏沟渠结构和周围土壤的完整性；需要对受困人员评估挤压综合征。

3. 为受困人员提供基本生命支持，现场开展止血包扎，对挤压综合征开展现场处置。

4. 正确拆除沟渠救援现场的支撑支护系统，尽量减少周围土壤移动，按照与支撑支护装备放置相反的顺序，分别移除支撑杆件和支护木板，最终从沟渠中移除所有救援相关设备。

5. 根据现场情况、行动计划、工具资源和监测数据，能够做出终止行动的判断与决定；在终止行动期间能保护救援人员和旁观者的安全；通知责任方在行动期间所造成的损害；现场填报评估记录表格与文件；将现场指挥控制权移交给责任方；向责任方通报潜在或现有的危险；准备情况汇报和经验总结。

9.3　技师级

1. 在交叉直壁沟渠环境，根据现场环境、救援工具和受困人员情况，在不破坏沟渠周围土壤前提下，救援人员位于沟渠两侧的安全区域内；对沟渠壁、沟渠边缘和弃土堆实施连续监测。

2. 沟渠支撑支护系统每次向下挖掘 0.61 米（2 英尺）深度，就要补充安装护板和支护套件。

3. 在交叉直壁沟渠环境搭建支撑支护荷载稳定系统，使得受力均匀且不达到极限状态。

4. 搭建沟渠救援环境下的垂直升降系统，实现将人员或物体从沟渠内提升并水平转移至外部，期间不会对沟渠结构和周围土壤造成破坏性影响；移除全过程保持对被移除人员或物体的速度与稳定性的全程控制。

5. 协调重型挖掘机联合开展救援，利用无线通信和救援指挥手语，在机械操作人员的配合下避免对受困人员造成进一步伤害。

6. 搭建支撑支护系统，不破坏周围沟渠结构和土壤环境，不破坏支撑支护荷载稳定系统的完整性，在规定时间内将受困人员从坍塌的战壕或沟渠中解救出来。

第十章

机械救援

10.1 认知级

1. 识别现场救援技术实现所需的资源与条件；启动应急响应系统；在救援资源到来之前能够保护现场安全；将具有认知级能力的人员编入救援行动计划中。

2. 根据事件类型、安全风险、时间信息、事件地点和个人防护装备（PPE），建立现场安全区域；在现场正确使用标识系统（Marking System），并可以被其他人员识别与理解；运用事件指挥系统（Incident Command System）与团队保持沟通，并且掌握救援现场人员出入登记系统。

3. 根据事件、任务、行动计划和工具资源，向指挥部报告事故进展；提供救援现场照明；对于环境问题、人员康复和支持计划，能指定具体的应对方案。

4. 评估事故大小的能力，根据事故的背景信息和参考资料，能够定义操作模式、资源可用性、响应时间、适用的救援技术类型，能够确定受困人员的数量、确定受困人员的位置、识别并采访目击者、评估现场救援技术实现所需的资源与条件、识别搜索标识系统信息，并掌握制定行动计划所需的信息。

10.2 操作级

1. 制定机械事故救援行动计划，根据现场情况、操作规范和技术指南进行初步评估，确保使用标准评估程序与方法；识别现场突发紧急情况和潜在危险；设计危险源隔离方法和防护措施；制定灭火方案和应急疏散方案；现场评估机械稳定性；制作现场资源需求清单。

2. 建立现场三级安全区。三级安全区由内而外分别为热、温、冷安全区；各级安全区域半径、面积和周长符合事故要求；分区边界标记可以被现场人员识别和理解；将区域边界传达给事故指挥部；现场安全区只有经过授权的人员才能进入。

3. 建立防火和防爆设施，确保控制火势和预防爆炸威胁；将火势现状、环境变化、威胁半径和救援目标现状及时传递给指挥人员。

4. 利用救援装备和个人防护装备，支护小型机械，使其在救援行动中保持稳定；机械救援的入口、出口和工作安全区域不受危险源影响；救援行动不能破坏机械的稳定性；支护选择的支撑点结构稳定性良好；设置专业人员或设备，对支撑点和支撑结构进行实时监控。

5. 隔离和管理潜在危险源，包括液体燃料、固态电池和特殊材料，确保现场识别出所有疑似危险源；隔离危险源并有效管理监控；评估危险源的环境威胁及潜在风险；确保救援人员和受困人员所受威胁降到最低。

6. 根据小型机械结构、损坏特征和受困人员位置，确定小型机械救援出入口位置；确保选定的出入口救援方式不会影响机械稳定性；出入口周边需要安全保护，防止割伤划伤；启动机械支护，稳定救援行动。

7. 利用机械救援设备和个人防护装备，切割小型机械建立救援出入口；救援人员和救援设备的移动要考虑对受困人员的潜在威胁，需要提前做安全防护；设计现场紧急撤离逃生通道；救援行动全过程需要保持机械的稳定。

8. 移除受困人员身上的束缚，利用救援工具、个人防护装备，保护好受困人员，使其免受进一步伤害；紧急医疗防护；现场实施动作平稳不造成进一步伤害。

9. 建筑物中电梯救援行动，根据建筑结构、损坏特征和疑似受困人员位置，确定救援出入口；对救援通道环境安全进行防护，防止割伤；确定现场是否需要专业电梯技术人员；关停并隔离所有周围相关机械；控制一切由于机械释放装置所带来的危害；确定电梯空间位置以优化受困人员的移除；将所有电梯和配重系统固定在共同的升降通道上；救援通道不会影响受困人员或救援人员的紧急撤离。

10. 将受困人员安全转移到指定安全区域。团队协作，利用搬运转移装备，使受困人员顺利通过预先设定的救援出入口；移除过程保持平稳，防止造成进一步伤害。

11. 终止机械救援行动，根据事件任务、提供的资源、安全评估，有效管理救援人员面临的风险并维护救援现场安全；根据情况变化能够终止救援行动；在终止行动期间能保护救援人员和旁观者的环境安全；现场填报评估记录表格与文件；将现场指挥控制权移交给责任方；向责任方通报潜在或现有的危险；准备情况汇报和经验总结。

10.3 技师级

1. 制定大型机械事故救援行动计划，根据现场情况、操作规范和技术指南进行初步评估，确保使用标准评估程序与方法；识别现场突发紧急情况和潜在危险；设计危险源隔离方法和防护措施；制定灭火方案和应急疏散方案；现场评估大型机械稳定性及支护技术装备需求；制作现场资源需求清单。

2. 利用救援装备和个人防护装备，支护大型机械，使其在救援行动中保持稳定；机械救援的入口、出口和工作安全区域不受危险源影响；救援行动不能破坏大型机械的稳定性；支护选择的支撑点结构稳定性良好；设置专业人员或设备对支撑点和支撑结构进行实时监控。

3. 根据大型机械结构、损坏特征和疑似受困人员位置，确定大型机械救援出入口位置；确保选定的出入口救援方式不会影响机械稳定性；出入口周边需要安全保护，防止割伤划伤；启动大型机械支护，稳定救援行动。

4. 利用机械救援设备和个人防护装备，切割大型机械建立救援出入口；救援人员和救援设备的移动要考虑对受困人员的潜在威胁，需要提前做安全防护；设计现场紧急撤离逃生通道；救援行动全过程需要保持机械的稳定。

5. 移除在大型机械上受困人员身上的束缚，利用救援工具、个人防护装备，保护好受困人员免受进一步伤害；紧急医疗防护；现场实施动作平稳，未造成进一步伤害。

第十一章

洞穴救援

11.1 认知级

1. 根据洞穴救援现场环境，确定救援的装备需要、技术需求和人员需求；启动洞穴救援应急响应体系。

2. 评估事故大小的能力，根据现场信息和技术资料，能够判断救援操作模式（快速救援、救援人员不进入洞穴作业和受困人员自救三种情况）的可能性、适用的救援技术类型，能够确定受困人员的数量、确定受困人员的位置、评估受困人员存活概率、识别并采访目击者、评估现场救援技术实现所需的资源与条件（洞穴出入口、内部空间结构、通风情况、氧气浓度等），并掌握制定行动计划所需的信息。

3. 根据现场危险情况、个人防护装备、需要的救援装备数量、需要的救援人数规模和将要开展救援的预计时长，建立合适的现场安全工作区，并现场实施隔离管控。

4. 洞穴救援行动提供保障，包括现场照明、安全维护、环境监测、洞穴环境通风、人员健康监测、人员急救处置和 24 小时不间断作业的保障。

5. 根据洞穴救援事故现场，制定事件指挥管理体系（ICS）与救援行动计划。

11.2 操作级

1. 洞穴出入口管理，建立现场封控区和标识，与救援指挥沟通确保授权人员能进入现场。

2. 洞穴内环境照明与监测，根据洞穴环境，设计照明方案满足救援行动；监测洞穴内温度、湿度和含氧量，监测人员生命体征。

3. 洞穴搜索、搬运与体力维持，利用个人防护装备、救援装备和保障装备，完成长时间的洞穴内搜索；在洞内恢复体力、体温恢复、防止低温症、救援队员急救处理、照明设备与电源更换、食物与水的补给，取保能够在洞穴内自给自足 24 小时。

4. 洞穴救援中的水域救援，在洞穴中使用个人防护装备和水域救援装备（PFD、潜水设备、水域救援绳、锁具等）开展救援，救援过程防止失温症出现。

5. 洞穴内遇到障碍物或问题建立现场协商机制，根据个人防护装备、既定搜索路线、洞穴救援装备、评估信息和洞穴地图，对遇到的新问题进行队内协商并保持信息实时更新，建立现场协商机制并严格遵守。

6. 单绳救援技术，在洞穴自由空间内至少垂直上升 30 米（约 100 英尺）；建立单绳救援固定锚点系统；救援人员可以在单绳系统上任意位置上静止并在空中悬停休息；救援人员可以随时在单绳系统上转换操作上升系统与下降系统。

7. 洞穴内行动路线的标记与路线信息的传达，根据受困人员位置紧急建立和标记救援路线；将现场受困人员信息和紧急医疗措施传达给医疗小组；将转移疏散路线上的障碍信息传达给绳索小组。

8. 洞穴内建立无线通信连接，将行动指挥官与特遣小组、搜索小组、医疗小组、绳索小组、疏散小组和通信小组之间建立持续性通信。

9. 洞穴内开展搜索救援行动，根据救援行动计划、个人防护装备、洞穴救援装备和评估信息划定重点搜索区域，现场识别、标记并报告环境危险及疑似受困人员位置；搜索过程首先保证救援人员的安全。

10. 在洞穴中从垂直或水平的裂缝中救出一名受困人员，利用牵引工具、颈托、安全气囊和医疗急救工具，确保救援过程不会对受困人员造成进一步伤害。

11. 在洞穴环境现场实施医疗急救，为受困人员实施基本生命支持；建立运输过程中的医疗固定与安全护理。

12. 洞穴内的受困人员转移，评估救援路线上的拐弯、宽度、坡度和挂点等信息，设计最佳转移搬运方案与装备组合模式。

13. 在洞穴环境搭建绳索救援系统。利用自然环境设置锚点系统，并搭建绳索救援（双绳）系统，实现与单绳技术系统相互支援与连接，完成上升、下降的救援工作。

14. 洞穴人员疏散撤离。检查个人防护装备、绳索系统装备、照明保障设备和救援人员等从洞穴中全部安全撤离，在洞穴内障碍物和危险源位置反复确认；利用设计好的转移搬运设备将受困人员从洞穴中安全救出，并立即送往急救中心。

15. 终止洞穴救援行动。根据事件任务、提供的资源、安全评估，有效管理救援人员面临的风险并维护救援现场安全；根据情况变化能够做出终止救援行动的判断与决定；在终止行动期间能保护救援人员和旁观者的环境安全；现场填报评估记录表格与文件；将现场指挥控制权移交给责任方；向责任方通报潜在或现有的危险；准备情况汇报和经验总结。

11.3 技师级

1. 制定洞穴救援行动计划。根据现场情况、操作规范和技术指南进行初步评估，确保使用标准评估程序与方法；识别现场突发紧急情况和潜在危险；设计危险源隔离方法和防护措施；制定应急疏散方案；确定受困人员数量和疑似搜索区域；制定搜索路线和搜索方法；制作现场资源需求清单。

2. 如果洞穴救援场景超出洞穴救援技术人员平时训练的能力范围，包括技术能力和装备能力两方面，则应立即协调其他专业救援资源（技术人员或救援装备），现场维护工作场地的人员与装备安全。

3. 如果经过评估发现技术与装备无法完成既定任务，则应立即终止洞穴救援，清点所有现场人员并撤离作业空间，拒绝进一步进入洞穴空间，并确保现场环境安全。

第十二章

矿山和隧道救援

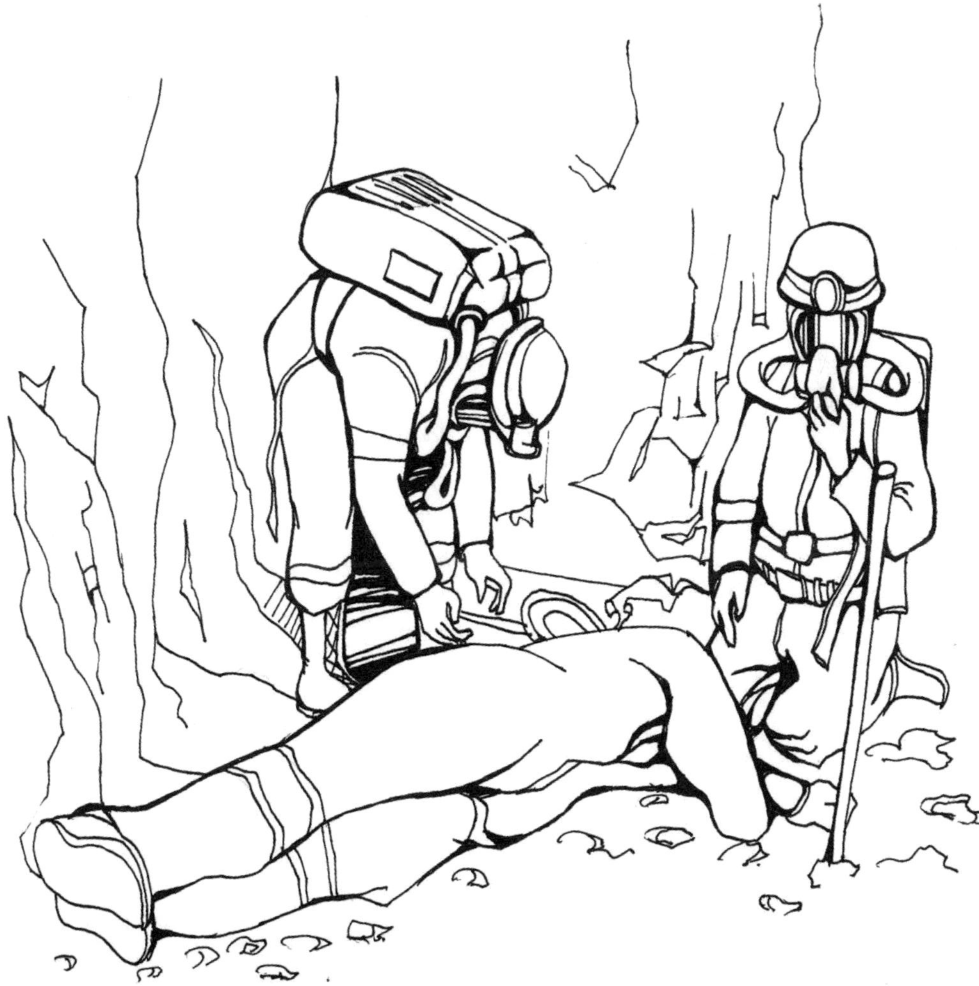

12.1 认知级

1. 识别矿山和隧道现场救援技术实现所需的资源与条件；启动应急响应系统；在救援资源到来之前能够保护现场安全。

2. 根据事件类型、安全风险、时间信息、事件地点和个人防护装备（PPE），建立现场安全区域；在现场正确使用标识系统（Marking System），并使其可以被其他人员识别与理解；运用事件指挥系统（Incident Command System）与团队保持沟通，并且掌握救援现场人员出入登记系统。

3. 评估事故大小的能力，根据事故的背景信息和参考资料，能够定义操作模式、资源可用性、响应时间、适用的救援技术类型，能够确定受困人员的数量、确定受困人员的位置、识别并采访目击者、评估现场救援技术实现所需的资源与条件、识别搜索标识系统信息，并掌握制定行动计划所需的信息。

4. 根据事件、任务、行动计划和工具资源，向指挥部报告事故进展；提供救援现场照明；对于环境问题、人员康复和支持计划，能指定具体的应对方案。

5. 根据矿山和隧道救援事故现场，制定事件指挥管理体系（ICS）与救援行动计划。

12.2 操作级

1. 评估现场环境，确定疑似危险源、疑似受困人员位置、确定受困人员数量、确定现场通风循环技术方案和救援行动的出入口。

2. 建立现场三级安全区。三级安全区由内而外分别为热、温、冷安全区；各级安全区域半径、面积和周长符合事故要求；分区边界标记可以被现场人员识别和理解；将区域边界传达给事故指挥部；只有经过授权的人员才能进入现场安全区。

3. 建立防火和防爆设施，确保控制火势和预防爆炸威胁；将火势现状、环境变化、威胁半径和救援目标现状及时传递给指挥人员。

4. 对矿山和隧道环境进行空气监测，持续记录、评估大气数据（温度、湿度、含氧量、有害气体浓度等），并跟踪区域大气的变化（风向等），将数据实时上报给指挥部。

5. 建立矿山和隧道环境的通风，根据评估信息和空气监测结果，确定通风对流方案并实施；继续对环境空气进行监测。

6. 建立排水作业。根据矿山和隧道坍塌事故现场、排水泵、软管和相关专业电气设备，将水排出影响区域；要求救援空间的空气环境不受排水设备排出气体的影响，并且在作业期间确保持续的排水供电。

7. 开展矿山和隧道救援现场支援行动，提供现场照明、动力电源、环境监测、人员健康监测、现场安全管理和紧急医疗救护。

8. 制定矿山和隧道救援行动计划，根据现场情况、操作规范和技术指南进行初步评估，确保使用标准评估程序与方法；识别现场突发紧急情况和潜在危险；设计危险源隔离方法和防护措施；制定灭火方案和应急疏散方案；制作现场资源需求清单。

9. 做好进入矿山和隧道空间前的准备工作。检查个人防护装备是否准备就绪；确认救援的具体路线；确认应急支援方案和队伍待命；确认通信系统正常；确认可以持续接收到空气监测数据；确认建立现场照明。

10. 进入矿山和隧道开展救援行动。根据预定救援的具体路线，确认矿山和隧道环境中的障碍物；确定受困人员位置；启动受困人员呼吸保护系统；完成现场清理工作；持续监测现场空气环境数据；持续评估现场危险源；评估现场发生二次坍塌可能性。

11. 现场为受困人员进行止血包扎和基本生命支持，利用伤员固定与搬运装备，设计从矿山和隧道中移出的优化方案，尽量减少对受困人员的进一步伤害。

12. 矿山和隧道人员的疏散撤离。检查个人防护装备、绳索系统装备、照明保障设备和救援人员等从矿山和隧道中全部安全撤离，对周围环境的障碍物和危险源位置反复确认；利用设计好的转移搬运设备将受困人员从洞穴中安全救出，并立即送往急救中心。

13. 终止矿山和隧道救援行动，根据事件任务、提供的资源、安全评估，有效管理救援人员面临的风险并维护救援现场安全；根据情况变化能够做出终止救援行动的判断与决定；在终止行动期间能保护救援人员和旁观者的环境安全；现场填报评估记录表格与文件；将现场指挥控制权移交给责任方；向责任方通报潜在或现有的危险；准备情况汇报和经验总结。

12.3 技师级

1. 能够在极端环境（高温、高湿、低含氧量）中，佩戴呼吸防护系统开展救援行动。

2. 能够在矿山和隧道救援环境中，利用破拆和剪切工具，对障碍物开展作业；救援过程需要保证周围废墟的稳定性。

3. 能够在矿山和隧道救援环境中，利用专业救援工具切割钢材构件，并设置火灾消防应对措施。

4. 能够在矿山和隧道救援环境中，利用牵拉设备或倍力系统，将重型障碍物牵引一定距离，从而保持救援通道的畅通。

5. 协调、指挥并操作重型机械设备（挖掘机、吊车等），利用无线通信手段和操作手语，现场开展救援行动；在现场工作半径内设置安全监督员。

6. 能够在矿山和隧道救援环境中，利用支撑支护装备系统，对坍塌废墟开展作业，现场确定不稳定区域；确认紧急逃生撤离通道；计算支撑有效荷载；监控支撑结构现场稳定性；制定现场人员轮换机制。

7. 能够在矿山和隧道救援环境中，利用搜索设备开展重点区域搜索，制作现场搜索标识并评估的潜在危险源。

8. 能够在矿山和隧道救援环境中，支护大型机械和车辆，使其在救援行动中保持稳定；救援行动不能破坏大型机械的稳定性；支护选择的支撑点结构稳定性良好；设置专业人员或设备对支撑点和支撑结构进行实时监控。

第十三章

直升机救援

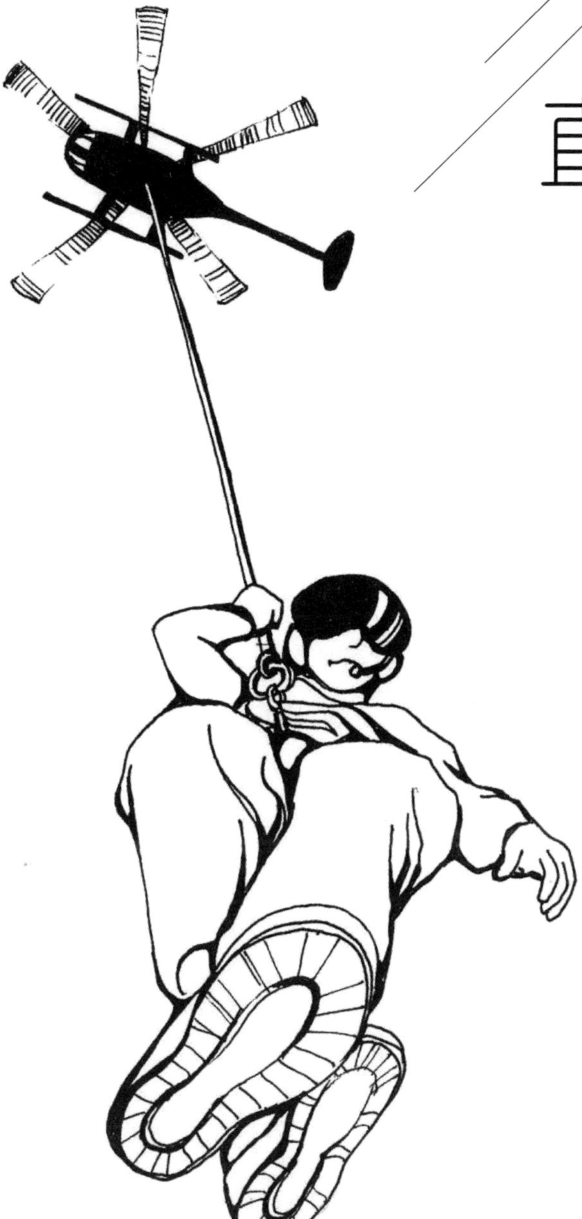

13.1 认知级

1. 识别现场救援技术实现所需的资源与条件；启动应急响应系统；在救援资源到来之前能够保护现场安全；将具有认知级能力的人员编入救援行动计划中。

2. 根据事件类型、安全风险、时间信息、事件地点和个人防护装备（PPE），建立现场安全区域；在现场正确使用标识系统（Marking System），并使其可以被其他人员识别与理解；运用事件指挥系统（Incident Command System）与团队保持沟通，并且掌握救援现场人员出入登记系统。

3. 识别一件操作级或技师级的事故；根据事件、任务、行动计划和工具资源，向指挥部报告事故进展；能够对环境问题、人员康复和支持计划指定具体的应对方案。

4. 具备评估事故大小的能力。根据事故的背景信息和参考资料，能够定义操作模式、资源可用性、响应时间、适用的救援技术类型，能够确定受困人员的数量、确定受困人员的位置、识别并采访目击者、评估现场救援技术实现所需的资源与条件、识别搜索标识系统信息，并掌握制定行动计划所需的信息。

5. 根据搜索与救援事件的信息，确定现场可能的直升机着陆区（转移）和直升机停机场（补给），上述区域内设置地面救援人员集结点与安全维护人员。

13.2 操作级

1. 协助机组人员和地勤人员，实时传达救援信息动态和地面环境情况；协助识别地面疑似障碍物风险。

2. 正确介绍并使用直升机救援专业个人防护装备和专业救援装备（吊升装置），向搜救人员和受困人员简要介绍已识别的危险源，并向他们说明上述装备的现场使用方法。

3. 制作空中救援行动的需求清单，根据事件信息和救援工具，选择适合的飞机类型、飞行员与机上救援人员。

4. 演示直升机特定的应急操作程序，并在规定的时间内演示完毕后立即离开飞机。

5. 在直升机上作为搜索观察员，有效辨识地面信息并立即传达搜索信息，正确找到疑似受困人员或区域。

6. 地勤人员安全管理着陆区域，识别已知地面的危险；控制着陆区内及周边的人和车辆移动。

7. 终止直升机救援行动。根据事件任务、提供的资源、安全评估，有效管理救援人员面临的风险并维护救援现场安全；根据情况变化能够做出终止救援行动的判断与决定；在终止行动期间能保护救援人员和旁观者的环境安全；现场填报评估记录表格与文件；将现场指挥控制权移交给责任方；向责任方通报潜在或现有的危险；准备情况汇报和经验总结。

13.3 技师级

1. 连接并管理直升机外部荷载，根据给定的机体、任务和载荷，正确将荷载与机体连接；用可控方式提升荷载。

2. 直升机吊升技术，飞行员与机上救援人员，利用专业装备（吊升）以安全的方式控制并移动荷载；要求吊升操作与直升机飞行操作相互协调。

3. 制作救援行动备选方案，分析可能的突发状况，制作不少于三种救援行动应对预案。

4. 直升机吊升后空中医护与转移，将受困人员紧急医疗处置后安全连接到吊升设备上，并在医护人员陪护状态下，由空中安全转运至急救中心。

5. 计算飞行重量并做好平衡，根据任务情况、参考资料、天气预报和飞机参数，将乘客、机组人员、燃料、外部负载和救援设备的总重量纳入计算考量中确保冗余，荷载不能超过飞机正常运行参数。

第十四章

水面救援

14.1 认知级

1. 识别现场救援技术实现所需的资源与条件；启动应急响应系统；在救援资源到来之前能够保护现场安全；将具有认知级能力的人员编入救援行动计划中。

2. 根据事件类型、安全风险、时间信息、事件地点和个人防护装备（PPE），建立现场安全区域；在现场正确使用标识系统（Marking System），并使其可以被其他人员识别与理解；运用事件指挥系统（Incident Command System）与团队保持沟通，并且掌握救援现场人员出入登记系统。

3. 识别一件操作级或技师级的事故；根据事件、任务、行动计划和工具资源，向指挥部报告事故进展；对于环境问题、人员康复和支持计划能指定具体的应对方案。

4. 评估事故大小的能力，根据事故的背景信息和参考资料，能够定义操作模式、资源可用性、响应时间、适用的救援技术类型，能够确定受困人员的数量、确定受困人员的位置、识别并采访目击者、评估现场救援技术实现所需的资源与条件、识别搜索标识系统信息，并掌握制定行动计划所需的信息。

14.2 操作级

1. 信息收集与评估。根据水域历史洪水水位、现场环境情况（水域面积、水域深度、水下地貌）、个人防护装备、潮汐表和气象预测信息，现场勘查并评估可能威胁生命安全的因素；确定救援行动进出路线；确定船艇装备的进出坡道；确定受困人员疑似区域。

2. 选择水面救援装备。所选防护装备可使救援人员免受极端温度和环境危害，在水中能维持正常的浮力；所选通信装备可确保团队各组成部分之间建立应急通信；评估水中自救装备的需求（水枪、照明、切割、脱困带等），并进行装备可靠性安全检查。

3. 确认水面救援的搜索参数。根据搜索区域的地形图、对失踪人员和事件的描述、水文数据（包括水流或潮汐的速度和方向），确定高概率的搜索区域。

4. 制定水面岸基救援行动计划。根据现场环境和水面救援装备，制定一套针对单个或多个水面受困者的岸上救援行动计划。

5. 与现场目击者确认信息。根据反馈信息和装备任务清单，确定最后一次目击失踪人员位置，建立水面救援位置参照物。

6. 确保救援装备顺利送达受困人员位置。向水面受困人员传送救援设备（浮力类）和个人防护设备（安全钩等），救援设备不会滑过受困人员的手，将受困人员安全迁移到救援人员所在的岸上；救援人员不会将受困人员拉到水面以下；受困人员不会将救援人员拉到水中；无论是救援者还是受困人员都不能被救援器材捆绑住。

7. 利用水域救援绳索和抛绳装备救助受困人员。在15~25米范围内，利用水域抛绳装备，将救援绳投掷到受困人员可接到范围不会滑过受困人员的手，利用绳索将受困者迁移至救援人员所在的岸上；救援人员不会将受困人员拉到水面以下；受困人员不会将救援人员拉到水中；救援人员和受困者不被绳子缠绕。

8. 制定船艇行动计划。完成船艇下水前检查、船艇操作员专业资格技术认证；船艇操作建立无线通信系统。

9. 直升机协助水面救援。评估影响直升机操作的现场风险因素，建立空对地无线通信连接；利用直升机将受困人员从水面危险 / 危害中提升并脱困转移；救援环境周围威胁直升机安全的风险点监测；建立直升机着陆区的安全保护并提供紧急灭火装备。

10. 在船艇实施水面救援。对一名无行为能力的水面受困人员实施基于船艇的救援，根据船艇状况、救援现场状况、受困者人员体征和水面救援个人防护装备，保持船艇控制的稳定并将风险降至最低，使受困人员从危险中脱离。

11. 水中自救技能。给出前方遇到障碍物的应对措施（爬上或越过、蹬踹前方障碍物等）。

12. 水域绳索系统的操作程序。在水面上利用绳索救援系统搭建拦截绳；计算水流冲击力、人员荷载与牵引力；建立岸上锚固系统并实时监测。

13. 终止水面救援行动。根据事件任务、提供的资源、安全评估，有效管理救援人员所面临的风险并维护救援现场安全；根据情况变化能够做出终止救援行动的决定；在终止行动期间能保护救援人员和旁观者的环境安全；现场填报评估记录表格与文件；将现场指挥控制权移交给责任方；向责任方通报潜在或现有的危险；准备情况汇报和经验总结。

14.3 技师级

1. 可以在水中进行防守泳姿与进攻泳姿的切换；可以计算救援目标方向与游泳方向的角度；可以无线遥控水域救援设备；可以操控水中辅助游泳装备。

2. 制定入水游近方式的水面救援行动。根据受困人员环境情况、水面救援个人防护装备、游泳辅助设备、受困人员浮力辅助设备和救援安全绳索牵引设备，接近受困人员并保持对其的距离控制；设计预达的救援安全区域，以及现场紧急医疗方案。

3. 水面救援环境中与受困人员的防御接触。正确应对处在压力或恐慌状态下的受困人员，要求最初救援人员能够保持与受困人员的隔离（不能接触）；调整进攻泳姿和接触方位，并观察受困人员惊慌程度，抓住有利时机实施自我防卫技术接触受困人员，防止救援人员被沉入水中。

4. 能够现场指挥救援行动。根据现场环境、搜救人员能力和搜救装备能力，有效指挥搜救各个行动小组；指挥建立无线通信系统；确定所需的外部支持资源；沟通传达行动计划与阶段任务；分配人力资源和装备物资；识别人员健康状况和潜在危险源；有效开展媒体应对。

第十五章

急流救援

15.1 认知级

1. 识别现场救援技术实现所需的资源与条件；启动应急响应系统；在救援资源到来之前能够保护现场安全；将具有认知级能力的人员编入救援行动计划中。

2. 根据事件类型、安全风险、时间信息、事件地点和个人防护装备（PPE），建立现场安全区域；在现场正确使用标识系统（Marking System），并使其可以被其他人员识别与理解；运用事件指挥系统（Incident Command System）与团队保持沟通，并且掌握救援现场人员出入登记系统。

3. 识别一件操作级或技师级的事故；根据事件、任务、行动计划和工具资源，向指挥部报告事故进展；对于环境问题、人员康复和支持计划能指定具体的应对方案。

4. 具备评估事故大小的能力。根据事故的背景信息和参考资料，能够定义操作模式、资源可用性、响应时间、适用的救援技术类型，能够确定受困人员的数量、确定受困人员的位置、识别并采访目击者、评估现场救援技术实现所需的资源与条件、识别搜索标识系统信息，并掌握制定行动计划所需的信息。

15.2 操作级

1. 在急流水域环境中搭建绳索救援系统。在水面上利用绳索救援系统搭建拦截绳；计算水流冲击力、人员荷载与牵引力；建立岸上锚固系统并实时监测。

2. 在急流环境中评估水域危险源，包括但不限于沸腾线、低坝、水中障碍物（出露水面和沉入水面）等，准确评估水流速、水深、河流弯道等情况；确定急流绳索系统拦截方案。

3. 在急流环境中采用非进入式救援。救援人员不进入水中的情况下，利用绳索拦截、无线遥控救援设备、抛绳包或其他组合装置实施救援。

4. 终止急流救援行动。根据事件任务、提供的资源、安全评估，有效管理救援人员面临的风险并维护救援现场安全；根据情况变化能够做出终止救援行动的决定；在终止行动期间能保护救援人员和旁观者的环境安全；现场填报评估记录表格与文件；将现场指挥控制权移交给责任方；向责任方通报潜在或现有的危险；准备情况汇报和经验总结。

15.3　技师级

1. 在急流环境中采用进入式救援。能够在水中切换防守泳姿与进攻泳姿；能够计算救援目标方向与游泳方向的角度。

2. 采用进入式救援穿越急流水道中的各种障碍物，包括但不限于沸腾线、低坝、水中障碍物（出露水面和沉入水面）等；利用辅助设备（绳包绳索）上岸。

3. 基于水上平台（如船艇或其他水上运输辅助设备），在急流中实施救援；控制水上平台的移动；持续评估水面环境和救援器材的潜在危险；传输现场指挥信号，并制定人员遇险后的紧急行动方案。

第十六章

潜水救援

16.1　认知级

1. 识别现场救援技术实现所需的资源与条件；启动应急响应系统；在救援资源到来之前能够保护现场安全；将具有认知级能力的人员编入救援行动计划中。

2. 根据事件类型、安全风险、时间信息、事件地点和个人防护装备（PPE），建立现场安全区域；在现场正确使用标识系统（Marking System），并使其可以被其他人员识别与理解；运用事件指挥系统（Incident Command System）与团队保持沟通，并且掌握救援现场人员出入登记系统。

3. 识别一件操作级或技师级的事故；根据事件、任务、行动计划和工具资源，向指挥部报告事故进展；对于环境问题、人员康复和支持计划，能指定具体的应对方案。

4. 具备评估事故大小的能力。根据事故的背景信息和参考资料，能够定义操作模式、资源可用性、响应时间、适用的救援技术类型，能够确定受困人员的数量、确定受困人员的位置、识别并采访目击者、评估现场救援技术实现所需的资源与条件、识别搜索标识系统信息，并掌握制定行动计划所需的信息。

16.2　操作级

1. 信息收集与评估。根据水域历史洪水水位、现场环境情况（水域面积、水域深度、水下地貌）、个人防护装备、潮汐表和气象预测信息，现场勘查并评估可能威胁生命安全的因素。

2. 确认潜水救援的搜索参数。制作潜水救援行动计划，根据搜索区域的地形图、对失踪人员和事件的描述、水文数据（包括水流或潮汐的速度和方向），确定高概率的搜索区域。

3. 制定船艇行动计划。完成船艇下水前检查、船艇操作员专业资格技术认证；船艇操作建立无线通信系统。

4. 初级潜水救援行动。根据现场环境、潜水救援行动计划、安全防护设备、救援工具等，建立与潜水员的通信系统并保持水面与水下不受干扰；跟踪并记录潜水员的状态、潜水时间、位置、重复潜水状态和水下搜索操作过程；对水下环境监测与评估并及时将信息反馈给指挥员和潜水员。

5. 保护潜水现场便于取证。准确记录疑似证据的位置及环境信息；利用浮标标记并配合 GPS 定位最终位置；水下使用专业设备拍照取证信息。

6. 协助救援潜水员做好下潜前的个人安全防护。保护救援人员免受极端温度、压力和恐惧情绪的影响；监测潜水员生命体征并制定应急方案；建立常规和应急双通信系统；协助开展下水前的潜水装备密封性等安全检查。

7. 协助浮出水面的遇险潜水员，针对过度疲劳、遇险受困或情绪压力的潜水员，从救援环境中解救出来。

8. 终止潜水救援行动。根据事件任务、提供的资源、安全评估，有效管理救援人员面临的风险并维护救援现场安全；根据情况变化能够做出终止救援行动的决定；在终止行动期间能保护救援人员和旁观者的环境安全；现场填报评估记录表格与文件；将现场指挥控制权移交给责任方；向责任方通报潜在或现有的危险；准备情况汇报和经验总结。

16.3 技师级

1. 制作专业潜水计划程序，包括潜水剖面、潜水检查表、潜水救援水下任务清单、最长水下作业时间、最大下潜深度、最低储备呼吸气压、潜水风险紧急预案、特殊潜水设备使用规范、潜水作业进出路线、潜水搜索计划，并建立潜水通信系统。

2. 根据潜水救援任务、水下深度和温度，正确选择潜水救援装备，正确计算浮力与配重；单次下潜作业返回水面时气瓶压力要求不低于规定的最低压力（通常为 25 分钟压力报警，跟个体呼吸耗氧量有关）；正确佩戴并使用标准呼吸潜水面罩。

3. 在水下避让障碍物和水沟水道。分析环境风险并进行自身能力评估，控制并维持正常的浮力，穿过障碍物、水沟和水道。

4. 潜水队员健康评估。潜水救援出发前确认潜水员的装备安全、身体健康、能力达标、心理状态良好；潜水救援返回后进行医学和心理评估，并记录备案。

5. 针对遇难人员出现的状况，对潜水员和水面支援人员的生理和心理压力进行干预与管理，正确疏导情绪缓解压力。

6. 解救遇险潜水员。在配备安全设备的前提下，救援水中的潜水员；正确处理障碍物受困、潜水员过度疲劳和情绪发生崩溃的状况，可以多人协作将潜水员从遇险环境中解救出来。

7. 从典型的四种威胁生命情景中逃生，包括：空气稀缺的紧急状况；呼吸系统发生故障；失去浮力控制；迷失方向。能有效识别危险，并执行应急程序从危险情况中自救逃到安全地方。逃生后能分析出问题发生的原因并提出改进方法。

8. 根据潜水救援事件的搜索参数，开展疑似高概区域的潜水搜索行动并找到目标；做好现场浮标、定位、照相等记录工作。

第十七章

冰上救援

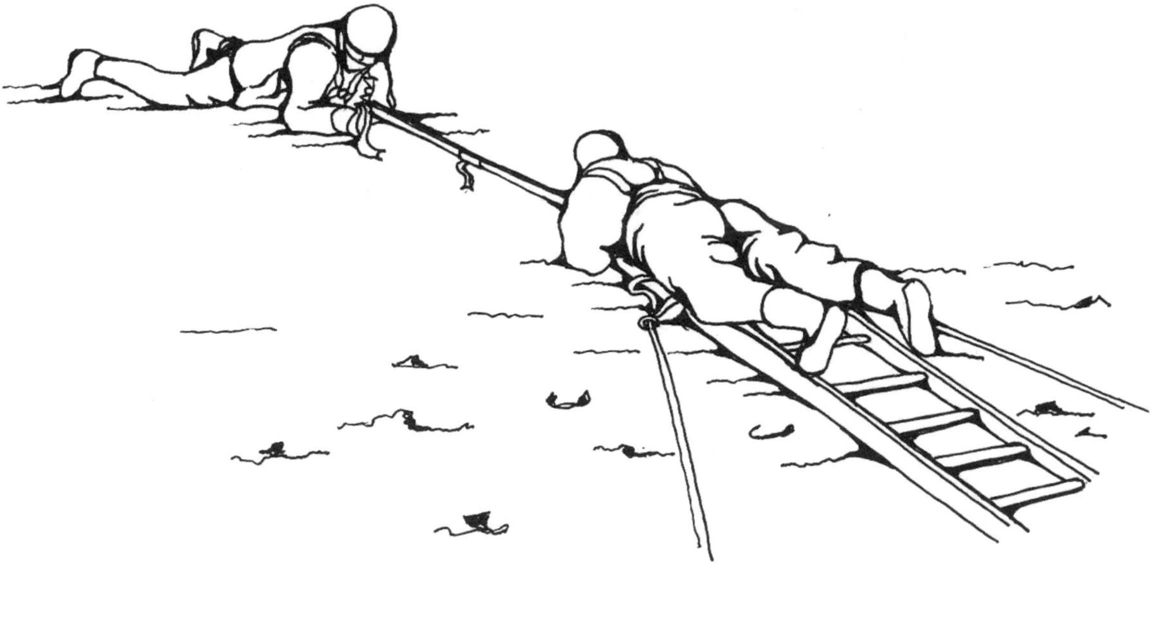

17.1 认知级

1. 识别现场救援技术实现所需的资源与条件；启动应急响应系统；在救援资源到来之前能够保护现场安全；将具有认知级能力的人员编入救援行动计划中。

2. 根据事件类型、安全风险、时间信息、事件地点和个人防护装备（PPE），建立现场安全区域；在现场正确使用标识系统（Marking System），并使其可以被其他人员识别与理解；运用事件指挥系统（Incident Command System）与团队保持沟通，并且掌握救援现场人员出入登记系统。

3. 识别一件操作级或技师级的事故；根据事件、任务、行动计划和工具资源，向指挥部报告事故进展；对于环境问题、人员康复和支持计划，能指定具体的应对方案。

4. 评估事故大小的能力，根据事故的背景信息和参考资料，能够定义操作模式、资源可用性、响应时间、适用的救援技术类型，能够确定受困人员的数量、确定受困人员的位置、识别并采访目击者、评估现场救援技术实现所需的资源与条件、识别搜索标识系统信息，并掌握制定行动计划所需的信息。

17.2 操作级

1. 评估冰面现场环境，包括冰面厚度、水下深度、周围地形；根据冰上救援工具，制作救援行动计划，并考虑突发状况的备选应急方案。

2. 在冰上救援环境中采取非进入式救援。根据事故现场、个人防护装备和冰上救援装备，人员在不下水情况下完成救援工作。

3. 终止冰上救援行动。根据事件任务、提供的资源、安全评估，有效管理救援人员面临的风险并维护救援现场安全；根据情况变化能够做出终止救援行动的决定；在终止行动期间能保护救援人员和旁观者的环境安全；现场填报评估记录表格与文件；将现场指挥控制权移交给责任方；向责任方通报潜在或现有的危险；准备情况汇报和经验总结。

17.3 技师级

1. 能够使用冰上救援的移动技术。根据水体和冰体的边界、冰层厚度、冰上救援个人防护装备、救援所需的牵引器或助推器等，控制移动速度；持续评估移动过程中的操作风险与周围危险。

2. 在冰上救援环境中采取进入式救援。根据事故现场、个人防护装备和冰上救援装备，人员需要在做好防护的基础上，进入冰水混合环境，为受困人员建立独立的正浮力，并建立移动牵引连接，在规定时间内返回并完成救援工作。

第十八章

冲浪救援

18.1　认知级

1. 识别现场救援技术实现所需的资源与条件；启动应急响应系统；在救援资源到来之前能够保护现场安全；将具有认知级能力的人员编入救援行动计划中。

2. 根据事件类型、安全风险、时间信息、事件地点和个人防护装备（PPE），建立现场安全区域；在现场正确使用标识系统（Marking System），并使其可以被其他人员识别与理解；运用事件指挥系统（Incident Command System）与团队保持沟通，并且掌握救援现场人员出入登记系统。

3. 识别一件操作级或技师级的事故；根据事件、任务、行动计划和工具资源，向指挥部报告事故进展；对于环境问题、人员康复和支持计划，能指定具体的应对方案。

4. 具备评估事故大小的能力。根据事故的背景信息和参考资料，能够定义操作模式、资源可用性、响应时间、适用的救援技术类型，能够确定受困人员的数量、确定受困人员的位置、识别并采访目击者、评估现场救援技术实现所需的资源与条件、识别搜索标识系统信息，并掌握制定行动计划所需的信息。

18.2　操作级

1. 信息收集与评估。根据历史数据、现场环境、个人防护装备、潮汐表、水流、浪高和气象预测信息，现场勘查并评估可能威胁生命安全的因素；确定救援行动进出路线；确定船艇装备的进出坡道；确定冲浪救援点的入口和出口；确定受困人员疑似区域。

2. 低浪环境中的游泳技能。在低浪环境中具备防守泳姿的游泳技能。

3. 部署一艘船艇营救一名水上冲浪受困者，完成船艇下水前的检查；实现船艇下水和回收操作；船上操作规范且无线通信清晰简洁；操作员熟悉船舶术语。

4. 终止冲浪救援行动，根据事件任务、提供的资源、安全评估，有效管理救援人员面临的风险并维护救援现场安全；根据情况变化能够做出终止救援行动的决定；在终止行动期间能保护救援人员和旁观者的环境安全；现场填报评估记录表格与文件；将现场指挥控制权移交给责任方；向责任方通报潜在或现有的危险；准备情况汇报和经验总结。

18.3　技师级

1. 高浪环境中的游泳技能。在高浪环境中具备进攻泳姿的游泳技能。

2. 在高浪环境中穿戴游泳脚蹼、携带配有肩带的冲浪救援浮力胸带，将受困人员固定在救援浮力胸带中，并利用延长肩带将受困人员从冲浪撞击区拖到岸边或无冲浪区，最终由船艇或直升机接送至急救中心。

3. 穿戴游泳脚蹼、眼罩和呼吸管在冲浪环境中对水下受困人员进行搜索。搜索行动处在高浪环境中；将受困人员定位并带到水面；将受困人员从冲浪撞击区拖到岸边或无冲浪区，最终由船艇或直升机接送至急救中心。

第十九章

洪涝救援

19.1 认知级

1. 识别现场救援技术实现所需的资源与条件；启动应急响应系统；在救援资源到来之前能够保护现场安全；将具有认知级能力的人员编入救援行动计划中。

2. 根据事件类型、安全风险、时间信息、事件地点和个人防护装备（PPE），建立现场安全区域；在现场正确使用标识系统（Marking System），并使其可以被其他人员识别与理解；运用事件指挥系统（Incident Command System）与团队保持沟通，并且掌握救援现场人员出入登记系统。

3. 识别一件操作级或技师级的事故；根据事件、任务、行动计划和工具资源，向指挥部报告事故进展；对于环境问题、人员康复和支持计划，能指定具体的应对方案。

4. 评估事故大小的能力。根据事故的背景信息和参考资料，能够定义操作模式、资源可用性、响应时间、适用的救援技术类型，能够确定受困人员的数量、确定受困人员的位置、识别并采访目击者、评估现场救援技术实现所需的资源与条件、识别搜索标识系统信息，并掌握制定行动计划所需的信息。

19.2 操作级

1. 信息收集与评估，根据洪水水位、现场环境情况（水域面积、水域深度、洪水流速）、河道障碍物、周围地形和气象预测信息，评估对救援人员和受困人员可能威胁生命安全的因素。

2. 在洪水救援环境中采取非进入式救援，人员在不下水情况下，根据事故现场、个人防护装备和洪水救援装备完成救援工作。

3. 制定船艇救援行动计划，完成船艇下水前的检查；实现船艇下水和回收操作；船上操作规范且无线通信清晰简洁；操作员熟悉船舶术语。

4. 制定空中支援行动计划，使用空中力量（无人机、直升机或飞机）开展洪水信息收集、人员广域搜索和受困人员空中转移行动；利用空中飞行器投放救援物资；操作人员熟悉操作规范和飞机术语；救援全程保持通信清晰简洁。

5. 洪水重度污染区域的管控，制止救援人员和受困人员暴露在潜在的受污染的水体中，确定污染源类型和来源；使用专业的工程控制设备和去污工具，把洪水污染的影响降到最低。

6. 在洪水救援环境中，确定搜索区域路线和进出口位置；逐一排查疑似受困人员的位置，一旦确认，利用标识系统标记受困人员准确位置信息。

7. 识别洪水作用下的潜在危险地形与环境特征（如管涌等）；有效应对并预防危险源扩大；预判可能波及的范围提前制定预案。

8. 运用地理信息系统和遥感导航技术，建立洪水覆盖区域地形图，标注疑似受困人员位置、危险源位置、危险源影响范围和搜救行动信息。

9. 终止洪涝救援行动。根据事件任务、提供的资源、安全评估，有效管理救援人员面临的风险并维护救援现场安全；根据情况变化能够做出终止救援行动的决定；在终止行动期间能保护救援人员和旁观者的环境安全；现场填报评估记录表格与文件；将现场指挥控制权移交给责任方；向责任方通报潜在或现有的危险；准备情况汇报和经验总结。

19.3 技师级

1. 在洪水救援环境中采取进入式救援，根据事故现场、个人防护装备和洪水救援装备，人员需要在做好防护的基础上，自身进入洪水中完成救援工作。

2. 基于水上平台（如船艇或其他水上运输辅助设备），在洪水中实施救援；控制水上平台的移动；持续评估水面环境和救援器材的潜在危险；传输现场指挥信号，并制定人员遇险后的紧急行动方案。